电工技术基础实验与实训教程（电工学I）

电路·电机与控制·仿真

主　编　王　英

副主编　何　虎　曾欣荣　喻　劼

参　编　曹保江　陈曾川　李冀昆　甘　萍

　　　　段　渝　余　嘉　李　丹

西南交通大学出版社

·成　都·

内容简介

本书是《电工技术基础（电工学 I）》的配套实验与实训教材。全书主要介绍了电工测量基础知识、实验操作技术、电机控制技术、故障判断与处理、安全用电规则和常用仪器仪表；提供了"电路基础实验与实训""电机控制实验与实训"两大部分实践项目；论述了仿真软件和常用仪器仪表使用说明。

本书可作为高等学校工科电工技术基础实验与实训教材，或作为不同层次的电气、电子、城市轨道交通等各专业的"电工技术基础实验与实训"课程的教材，在有限的学时和时间内，为学生今后的继续学习和工作奠定电工技术、电机控制技术基础。

图书在版编目（CIP）数据

电工技术基础实验与实训教程：电路·电机与控制·仿真. 电工学. I ／王英主编. —成都：西南交通大学出版社，2018.8（2024.8 重印）
ISBN 978-7-5643-6352-9

Ⅰ. ①电… Ⅱ. ①王… Ⅲ. ①电工技术 – 实验 – 职业教育 – 教材 Ⅳ. ①TM-33

中国版本图书馆 CIP 数据核字（2018）第 189974 号

电工技术基础实验与实训教程（电工学 I） 电路·电机与控制·仿真	主编 王英	责任编辑 黄庆斌 助理编辑 梁志敏 封面设计 何东琳设计工作室

印张：11.75 字数：292 千

成品尺寸：185 mm×260 mm

版次：2018 年 8 月第 1 版

印次：2024 年 8 月第 2 次

印刷：成都中永印务有限责任公司

书号：ISBN 978-7-5643-6352-9

出版发行：西南交通大学出版社

网址：http://www.xnjdcbs.com

地址：四川省成都市二环路北一段111号
西南交通大学创新大厦21楼

邮政编码：610031

发行部电话：028-87600564 028-87600533

定价：28.00元

课件咨询电话：028-87600533

前 言

在创新型国家建设中，人才的培养是根本，实践能力的培养则是重要环节与基础。本教材是"十二五"国家级规划教材《电工技术基础（电工学 I）》的配套教材。"电工技术基础实验与实训"是高等工科学校各专业的一门重要的技术基础实验与实训课。

本书分为五个章节：第1章"电工实验与实训基础知识"，主要讨论了两方面问题：一是电工、电子测量的基础知识以及测量误差分析；二是实验操作规则、实验故障处理分析方式方法、实验报告要求以及实验安全用电规则。第2章"电路基础实验与实训"，以基本概念、基本元件伏安特性、基本定律、基本定理等为主线，针对基本的实验技能、基本的仪器仪表使用方法、基本的数据处理、基本的故障处理方法、基本的实验报告撰写等展开实验与实训。第3章是"电机控制实验与实训"，主要围绕接触器、继电器、熔断器及按钮开关等器件的电动机控制应用展开实验与实训，重点讨论了单机的启动与停止控制、正反转动控制、Y-△启动控制、延时控制和两个电动机的联锁控制等。第4章是"基于 Multisim 的电路仿真"，重点讨论仿真软件的应用及操作方法；第5章是"常用仪器仪表的使用说明"，重点介绍了常用电子仪器仪表的工作原理及测量、操作方法。本教材可作为48～64学时"电工技术基础"的配套教材。

本书以理论基础为主线，以正确使用仪器、仪表为培养方向，以提高电工技术、电机控制、故障处理技能为目标，将实际操作与虚拟仿真相结合，重点提高实践能力。因此，本书可作为高等学校工科电工技术基础的实验与实训课程教材，或作为电气、电子专业和城市轨道交通各专业的"电工技术基础实验与实训"课程的教材，为学生今后的继续学习和工作奠定电工测试技术与实践基础。

本书由西南交通大学王英主编，何虎、曾欣荣、喻劼副主编；曹保江、陈曾川、李冀昆、甘萍、段渝、余嘉、李丹等参编。另，感谢各位同行、专家给予的支持和建议。

由于编者水平有限，书中疏漏之处，恳请广大读者批评指正。

王 英

2018 年 8 月

目　录

第 1 章　电工实验与实训基础知识

【实验目的】　掌握电工测量的基础知识以及测量误差分析；掌握实验操作规则、实验故障处理分析方式方法、实验报告要求以及实验安全用电规则；掌握万用表和直流稳压稳流电源。
【预习内容】　预习电工测量基本理论知识；预习万用表的工作原理及测量方法；预习直流稳压稳流电源的工作原理及操作规程。

1.1　电工技术测量基础知识概论

1.1.1　电工测量

测量是为确定被测对象的量值而进行的实验过程。电工测量是以电工技术理论为依据，借助电工仪表，测量电路中的电压、电流、电功率及电能等物理量的实验过程。电子测量则是以电子技术理论为依据，借助电子测量设备，测量有关电子学的量值（如电信号的特性、电子电路性能指标、电子器件的特性曲线及参数）。电工、电子测量内容通常包含以下几个方面：

1. 能量的测量

如电压、电流、电功率、电能等。

2. 元件参数的测量

如电阻、电容、电感、阻抗、功率因数、品质因数、电压变比、电子器件的性能指标等。

3. 电信号特性的测量

如电信号的频率、相位、失真度、幅频特性、相频特性等。

4. 电子电路性能的测量

如放大倍数、通频带、灵敏度、衰减度等。

5. 非电量的测量

如温度、压力、速度等。

上述各项测量参数中，电压、频率、阻抗、相位等是基本电参数，它们是其他参数测量的基础。如电功率的测量，可通过电压、阻抗的测量实现；放大器增益的测量，可通过输入、输出端电压的测量实现。

1.1.2　测 量 误 差

在测量过程中，由于受到测量设备、测量方法、测量经验等多种因素的影响，可能使测量的结果与被测量的真实数值之间产生差别，这种差别称为测量误差。

1. 测量标准

不同的测量项目，对其测量误差大小要求的标准是不同的。目前，测量标准的分类方式有三种。

1）按层级分类

按照标准化层级标准作用和有效范围的不同，将标准划分为不同层次和级别的标准。一般有国际标准、区域标准、国家标准、行业标准、地方标准、企业标准等。

（1）国际标准：由国际标准化或标准组织制定，并公开发布的标准。如国际标准化组织（ISO）和国际电工委员会（IEC）批准、发布的标准是目前主要的国际标准。

（2）区域标准：由某一区域标准化或标准组织制定，并公开发布的标准。如欧洲标准化委员会（CEN）发布的欧洲标准（EN）就是区域标准。

（3）国家标准：由国家标准团体制定，并公开发布的标准。如 GB、ANSI、BS 是中、美、英等国的国家标准代号。

（4）行业标准：由行业标准化团体或机构制定，并公开发布的标准。这是在行业内统一实施的标准，又称为团体标准。

（5）地方标准：由一个国家的地方部门制定，并公开发布的标准。

（6）企业标准：由企业事业单位自行制定，并公开发布的标准。企业标准在有的国家又称为公司标准。

2）按对象分类

按照标准对象的名称归属分类，将标准划分为产品标准、工程建设标准、工艺标准、环境保护标准、数据标准等。

3）按性质分类

按照标准的性质分类，将标准划分为基础标准、技术标准、管理标准、工作标准等。

测量标准的分类方法较多，如根据标准实施的强制程度，将标准分为强制标准、暂行标准、推荐标准。

2. 测量常用术语

1）真　值

被测量的参数量本身所具有的真实值称为真值。真值是一个理想的概念，一般是不可知的。

2）实际值

通常将精度较高的标准仪器、仪表所测量的值作为"真值"，但它并非是真正的"真值"，所以将其称为实际值。

3）标称值

测量器件、设备上所标出的数值称为标称值，如标准电阻、电容等器件上标出的参数值。

4）示值

测量仪器所指示出的测量数据称为示值。示值是指测量结果的数值。

5）精度

精度是指测量仪器的读数或测量结果与被测量真值一致的程度。精度高，说明测量误差小；精度低，说明测量误差大。因此，精度是测量仪表的重要性能指标，同时也是评定测量结果的最主要、最基本的指标。

精度还可以用精密度、正确度、准确度三个指标来表征。

（1）精密度：表示仪表在同一测量条件下对同一被测量值进行多次测量时，所得到的测量结果的分散程度。它说明仪表指示值的分散性。

（2）正确度：说明仪表指示偏离真实值的程度。

（3）准确度：它是精密度和正确度的综合反映。当用于测量结果时，表示测量结果与被测量真值之间的一致程度；当用于测量仪器时，则表示测量仪器的示值与真值之间的一致程度。准确度是一种定性的概念。

3．测量误差常用术语

测量误差通常用绝对误差和相对误差来表示。

1）绝对误差

测量的示值 X 与被测量真值 X_0 之间的差值称为绝对误差，用 ΔX 表示。

$$\Delta X = X - X_0 \qquad (1.1)$$

在实际测量中，精度越高的仪器仪测量值的绝对误差越小。

2）相对误差

相对误差能够反映被测量的测量准确程度。

在实际应用中，相对误差可分为实际相对误差、示值相对误差和满度相对误差。

（1）实际相对误差：测量的绝对误差 ΔX 与被测量的真值 X_0 之比，用符号 γ_0 表示。

$$\gamma_0 = \frac{\Delta X}{X_0} \times 100\% \qquad (1.2)$$

（2）示值相对误差：测量的绝对误差 ΔX 与仪器、仪表示值 X 之比，用符号 γ_x 表示。

$$\gamma_x = \frac{\Delta X}{X} \times 100\% \qquad (1.3)$$

（3）满度相对误差：测量仪器、仪表各量程内最大绝对误差 ΔX_m 与测量仪器、仪表满度值（量程上限值）X_m 之比，用符号 γ_m 表示。

$$\gamma_\mathrm{m} = \frac{\Delta X_\mathrm{m}}{X_\mathrm{m}} \times 100\% \tag{1.4}$$

满度相对误差也叫满度误差、引用误差。

我国电工仪表的准确度等级 S 就是按满度误差 γ_m 分级的，按 γ_m 大小依次划分成 0.1、0.2、0.5、1.0、1.5、2.5 及 5.0 共七级。例如，某电压表为 0.2 级，即表明它的准确度等级为 0.2 级，它的满度相对误差不超过 0.2%，即 $|\gamma_\mathrm{m}| \leqslant 0.2\%$（或 $\gamma_\mathrm{m} = \pm 0.2\%$）。

当已知仪表的准确度等级为 γ_m，量程为 X_m 时，可得出仪表量程内绝对误差的最大值：

$$\Delta X_\mathrm{m} = \gamma_\mathrm{m} \cdot X_\mathrm{m} \tag{1.5}$$

当已知仪表的准确度等级为 γ_m、量程为 X_m，被测量值为 X 时，可计算出被测量的最大相对误差：

$$\gamma_{\mathrm{xm}} = \frac{\Delta X_\mathrm{m}}{X} \times 100\% \tag{1.6}$$

【例 1】　用量限为 100 V、准确度为 0.5 级的电压表，分别测量出 80 V、50 V、20 V 电压值，试问测量结果的最大相对误差是否相同？

【解】　仪表量程内绝对误差的最大值：

$$\Delta X_\mathrm{m} = \gamma_\mathrm{m} \cdot X_\mathrm{m} = \pm 0.5\% \times 100 = \pm 0.5 \text{ (V)}$$

测量 80 V 值的最大相对误差：

$$\gamma_{\mathrm{xm}} = \frac{\Delta X_\mathrm{m}}{X} \times 100\% = \pm \frac{0.5}{80} \times 100\% = \pm 0.625\%$$

测量 50 V 值的最大相对误差：

$$\gamma_{\mathrm{xm}} = \frac{\Delta X_\mathrm{m}}{X} \times 100\% = \pm \frac{0.5}{50} \times 100\% = \pm 1\%$$

测量 20 V 值的最大相对误差：

$$\gamma_{\mathrm{xm}} = \frac{\Delta X_\mathrm{m}}{X} \times 100\% = \pm \frac{0.5}{20} \times 100\% = \pm 2.5\%$$

由例 1 可知，测量结果的准确度不仅与仪表的准确度等级有关，而且与被测量值的大小有关。当仪表的准确度等级给定时，所选仪表的量限越接近被测量值，测量结果的误差就越小。但有些电路，尤其是电子线路，其等效电阻有时比万用表低电压量程挡的总电阻大得多，测量时选择较高的电压量程反而比较准确。

在万用表的面板上都标明了交、直流电压和电流以及欧姆挡等各测量挡的准确度等级。

【例 2】　现有两块电压表，一块电压表量程为 50 V、准确度为 1.5 级，另一块电压表量程为 15 V、准确度为 2.5 级，若要测量一个约为 12 V 的电压，试问选用哪一块电压表测量合适？

【解】

（1）用量程为 50 V、准确度为 1.5 级的电压表测量，则仪表量程内绝对误差的最大值：

$$\Delta X_{\mathrm{m}} = \gamma_{\mathrm{m}} \cdot X_{\mathrm{m}} = \pm 1.5\% \times 50 = \pm 0.75\ (\mathrm{V})$$

测量 12 V 值的最大相对误差：

$$\gamma_{\mathrm{xm}} = \frac{\Delta X_{\mathrm{m}}}{X} \times 100\% = \pm \frac{0.75}{12} \times 100\% = \pm 6.25\%$$

（2）用量程为 15 V、准确度为 2.5 级的电压表测量，则

仪表量程内绝对误差的最大值：

$$\Delta X_{\mathrm{m}} = \gamma_{\mathrm{m}} \cdot X_{\mathrm{m}} = \pm 2.5\% \times 15 = \pm 0.375\ (\mathrm{V})$$

测量 12 V 值的最大相对误差：

$$\gamma_{\mathrm{xm}} = \frac{\Delta X_{\mathrm{m}}}{X} \times 100\% = \pm \frac{0.375}{12} \times 100\% = \pm 3.125\%$$

所以，应选用量程为 15 V、准确度为 2.5 级的电压表。

4．测量误差来源

产生测量误差的原因是多方面的，测量数据的误差是一个综合反映，主要由以下几方面引起误差：

（1）仪器仪表误差：由测量仪器、仪表准确度引起的误差。

（2）人员误差：由于测量者的分辨能力、实验实训操作习惯等原因引起的误差。如测量者在读取模拟仪器的标尺数据时，会出现视差；测量者在仪器仪表到达稳定值之前读数据，会产生动态误差。

（3）测量方法误差：测量方式，测量仪器、仪表选择，测量接线粗细长短等引起的误差。

（4）环境误差：由实验实训所处的环境引起的误差。如温度、湿度、电磁场、噪声等均会引起误差；又如，仪器、仪表长时间使用，其性能偏离标准而未校准所引起的误差。

1.1.3　测量仪器

测量仪器是将被测量转换成可以直接显示或读取数据信息的设备，它包括各类指示仪器、比较式仪器、记录仪器、信号源和传感器等。一般，将利用电子技术测量各种待测量的仪器称为电子测量仪器，而利用电工技术测量各种待测量的仪器称为电工测量仪器。

1．电工测量仪器

电工测量仪器的基本结构是电磁机械式的，借助指针来显示测量结果。通常分为两类：电测量指示仪表类和比较仪器类。

（1）电测量指示仪表：按仪表的工作原理可分为电磁系、磁电系、电动系、感应系和整流系；按仪表测量对象可分为电压表、电流表、功率表、功率因数表、兆欧表、电度表等。

（2）电测量比较仪器：主要有交直流电桥测量仪、交直流补偿式测量仪等。

2. 电子测量仪器

通常将电子测量仪器的发展分为四个阶段：模拟仪器（测量数据采取指针式显示，如万用表、晶体管电压表等）、数字化仪器（测量数据采取数字式输出显示，如数字万用表、数字频率计、数字式相位计等）、智能仪器（能对测量数据进行一定的数据处理，内置微处理器）和虚拟仪器（检测技术、计算机技术和通信技术有机结合的产物）。

随着电子技术的飞速发展，电子测量仪器的种类及性能与日俱增。目前，通用电子测量仪器按其功能可分为以下几类：

（1）电平测量仪器，如电压表、电流表、功率表等。

（2）元件参数测量仪器，如 R、L、C 参数测试仪；晶体管或集成电路参数测试仪等。

（3）信号发生器，如函数信号发生器、音频信号发生器、低频和高频信号发生器等。

（4）信号分析仪器，如频谱分析仪、谐波分析仪和动态信号分析仪等。

（5）频率、时间、相位测量仪器，如频率计、相位计和波长计等。

（6）波形特性测量仪器，如各类示波器。

（7）模拟电路特性测试仪器，如网络特性分析仪、频率特性测试仪、噪声系数测试仪等。

（8）数字电路特性测试仪器，如逻辑分析仪。

1.1.4　测量方法

1. 按测量手段分类

按测量手段可分为直接测量、间接测量和组合测量三种。

1）直接测量

直接用测量仪器、仪表测量被测量的数据的方法称为直接测量。如用电流表测量电流、电压表测量电压等。直接测量方法在工程测量中被广泛应用。

2）间接测量

被测量的数据是通过测量其他数据后换算得到的，不是直接测量所得，这种间接测试数据的方法称为间接测量。如电阻的测量：通过测量电压、电流的量值，根据欧姆定律计算出电阻的大小。间接测量在科研、实验研究室及工程测量中被广泛应用。

3）组合测量

被测量的数据需通过多个测量参数及函数方程组联立求解得到，这种测量方法称为组合测量。组合测量与间接测量的不同之处是，组合测量是在不同的测量条件下，进行多次测量得到的测量参数。组合测量方法比较复杂，一般应用于科学实验。

2. 按测量方式分类

按测量方式可分为直读法和比较法两种。

3. 按测量性质分类

按测量性质可分为时域测量、频域测量、数字域测量和随机测量四种。

（1）时域测量：测量与时间有函数关系的量，如用示波器观测随时间变化的量。

（2）频域测量：测量与频率有函数关系的量，如用频谱分析仪分析信号的频谱。

（3）数字域测量：测量数字电路的逻辑状态，如用逻辑分析仪等测量数字电路的逻辑状态。

（4）随机测量：主要测量各种噪声、干扰信号等随机量。

1.2　电工技术实验与实训须知

实验与实训是电工技术基础课程重要的实践性教学环节。其目的不仅要巩固和加深理解所学的知识，更重要的是通过实验，了解电子仪器、仪表及测量操作方式方法，掌握电工电子基本测量操作技能，学会运用所学知识分析和判断故障产生的原因，用最有效的方式方法排除实验故障，或采用更好的测量方法减小故障发生率和测量误差，树立工程实践理念和严谨的科学作风。在实践中启发学生的创新能力和培养综合素质。

1.2.1　实验与实训技能训练的具体要求

1. 正确使用常用的电工仪表、电工设备及电子仪器

（1）了解设备的名称、用途、铭牌规格、额定值等使用说明。

（2）重点掌握设备使用的极限值。

使用仪器仪表等设备前，一定要了解并注意设备最大允许的输出值，避免设备被损坏。例如，调压器、稳压电源等有最大输出电流技术指标限制；信号源有最大输出功率和最大信号电流技术指标限制。

在测量实验数据前，一定要了解并注意测量仪器、仪表的最大允许输入量，避免仪表的损坏。如电流表、电压表、功率表等，要注意最大允许测量的电流值、电压值；万用表、示波器、数字频率计等，要注意输入端规定的最大允许输入值。实验时不得超过规定的值，否则会损坏设备。

多量程仪表要正确选择量程，千万不能用不适当的量程进行数据测量，因为仪器的不同测量量程的测量原理是不同的。例如，万用表的欧姆挡不能用来测量电压，电流挡不能用来测量电压。

（3）了解设备面板上各功能旋钮、输入和输出端的作用。使用前将其调节到正确位置，禁止无意识地乱拨动旋钮。

（4）在使用仪器、仪表前，利用所掌握的测量知识和相关的仪器、仪表性能技术指标，判断和检验实验设备是否正常。有自校功能的设备，可先通过自校信号对设备进行检查。例如，示波器有自校正弦波和方波；频率计有自校标准频率。

2. 按实验电路图正确接线

（1）合理安排仪器、仪表、元件等实验设备的位置；合理选择接线的长短和粗细。做到

实验线路清楚，容易检查和处理故障，操作方便，测量数据易于读取。

（2）接线要牢固可靠，减少测量接线误差。

（3）实验电路接线技巧：一般实验电路接线时，先连接测量回路，再连接测量并联支路。对于测量电路主回路电流大的实验，用粗导线连接主回路；测量电路电流小的用细导线连接。

（4）实验过程中，如果需要更改器件的连接、电流测量的线路等，必须先关闭电路电源，再进行线路的更改。

3．正确读取实验数据，观察实验现象，测绘波形曲线

（1）合理读取数据点。应通过预操作，掌握被测曲线的变化趋势并找出特殊点。凡变化急剧的地方测量数据的采集点应较多，变化缓慢处测量数据的采集点应较少。在实验中，测量数据的采集点要合适，能真实反映客观情况即可。

（2）准确读取电表示值。为了减少测量误差，首先是合理选择测量仪器仪表的量程。实验前估算（或用最高量程进行估测）被测量数据，选择被测量数据大于仪器仪表 2/3 满量程的测量设备。在同一量程中，指针偏转越大越准确，即测量误差越小。

4．实验数据

实验测量完成后，进行实验数据的整理、分析及误差计算，独立写出实验数据充分、论点成立、条理清楚、文字整洁的实验报告。

5．资料查询

学习查阅电工手册、电子元器件性能指标、实验电路设计的相关资料。查阅常用仪器、仪表、实验装置等的具体特性及操作基本常识。

1.2.2　实验前的准备工作

（1）阅读实验指导书，了解实验内容，明确实验目的，理解相关的实验原理。

（2）必须写出实验预习报告。

（3）查阅资料，掌握实验中使用的仪器、仪表的操作过程及测量方法。

（4）对实验数据进行分析和估算，确定测量仪器、仪表的量程。

（5）画出实验测试中所需要的测量数据、记录表格等。

1.3　实验规则

为了在实验实训中培养学生严谨的科学作风，确保人身和设备的安全，顺利完成实验实训任务，特制定以下规则：

（1）严禁在实验操作中带电接线、拆线或改接线路。

（2）测量线路接好后，要认真复查，确信无误后，经指导教师检查同意，方可接通电源

进行操作。

（3）通电操作时，必须全神贯注地观察电路、仪器、仪表的变化，如有异常，应立即断电，检查故障产生的原因。如实验过程中发生事故，应立即关断电源，保持现场，报告指导教师。

（4）测量中应注意正确读出测量数据。实验内容完成后，先由本人检查测量的数据，分析判断是否正确，若有问题，分析问题的原因并解决。测量数据交给指导教师检查，经教师认可后方可拆除实验实训线路，并将实验器材、导线整理好。

（5）实验实训室内仪器设备不准任意搬动调换，非本次项目所用的仪器设备，未经教师允许不得动用。不会使用的仪器、仪表、设备等，不得贸然通电使用。若损坏仪器设备，必须立即报告指导教师，并作书面检查，责任事故按规定酌情赔偿。

（6）整个实验与实训操作过程中，要严肃认真，保持安静、整洁的学习环境。

1.4　实验故障处理

1. 故障原因

电路实验中故障的诊断、排除比电子实验中所发生的故障要容易处理。但不论何种故障，如不及时排除，都会直接影响实验测量数据的正确性或对实验仪器、仪表造成损坏。

电路实验中发生故障的原因大致有以下几种：

（1）实验线路连接有错，造成实验电路开路或短路故障，或连接成错误的测试实验系统。

（2）实验线路接触不良或导线损坏，造成实验电路开路。

（3）实验线路接触松动，产生很大的接触误差或测量数据不稳定，影响测量数据的准确性。

（4）仪器、仪表、实验装置、器件等发生故障。

（5）使用仪器、仪表测量时的方式方法或数据读取换算发生错误。

2. 故障处理

电路实验中一般采用断电检查处理故障，操作顺序如下：

（1）切断电源，检查仪器、仪表、实验装置、器件等是否发生故障或使用的测量方式方法等是否正确。

（2）检查线路连接是否正确，线路接触是否松动。

（3）用万用表的欧姆挡测量实验导线是否损坏。

（4）根据故障现象，用所学的理论知识，判断故障发生的原因，确定故障发生位置。

（5）通电后，从电源始端开始依次测量电压（或用示波器观测），综合判断分析故障发生位置，缩小故障发生范围。

1.5　实验报告

一律用电工学规定的实验报告纸认真书写实验报告。实验报告的具体内容如下：

1. 实验目的

通过实验需要掌握操作技能、测量方法、仪器、仪表使用原理、安全用电知识及相关的理论知识等。

2. 实验器件

实验中所使用的主要仪器、仪表、设备等。

3. 实验原理

分析实验电路原理，画出实验电路图，写出实验步骤。

4. 实验预习

预习实验仪器仪表（见第 6 章）、相关器件及实验装置等的工作原理和使用方法，根据实验电路及实验器件参数，估算实验测量数据，制作实验数据记录表格，要特别注意实验注意事项，写出实验预习报告。

5. 实验数据分析及处理

根据实验测量的原始记录数据，进行数据分析和整理，分析测量数据产生误差的原因，提出测量方法的改进意见。

6. 实验总结

对实验进行全面总结，分析实验数据、实验测量方法的正确性；讨论实验操作中出现的问题及产生的原因、解决的方式方法；结合理论知识论述实验收获与体会。注意：实验特性曲线必须用坐标纸绘出。

1.6　实验安全用电规则

安全用电是实验中始终需要注意的重要问题。为了很好地完成实验，确保实验人员的人身安全和实验仪器、仪表、设备等装置的完好，在电工实验中，必须严格遵守下列安全用电规则。

1. 断电操作

接线、改线、拆线操作都必须在切断电源的情况下进行，即先接线后通电，先断电再检查线路故障、改接线路、拆线等。

2. 绝缘测量

在电路通电的情况下，人体严禁接触电路中不绝缘的金属导线或连接点等带电部位。万一遇到触电事故，应立即切断电源，进行必要的处理。

3．集中注意力

在实验测量中，特别是设备刚投入运行时，要随时注意仪器、设备等实验装置的运行情况，如发现有过载、超量程、过热、异味、异声、冒烟、火花等现象，应立即断电，并请指导教师检查。

4．注意安全

电机转动时，防止导线、发辫、围巾等物品卷入，注意安全。

5．按额定值使用

了解有关电器设备的规格、性能及使用方法，严格按额定值使用。注意仪表的种类、量程和连接方法的区别。例如，不能用电流表测量电压值，不能用万用表的电阻挡测量电压值，功率表的电流线圈不能并联在电路中等。

1.7　电阻电路的基本测量

（1）用万用表测量电阻参数、交流电源参数和直流稳压稳流电源输出的电量值，并记录测量数据、实验步骤及操作注意事项。

（2）测量实验电路中各器件上的电压参数，并记录测量数据、测量方法及实验电路图。

（3）记录实验中出现的各种问题，并在实验报告中进行分析讨论。

第2章　电路基础实验与实训

本章节以"电路分析"理论为知识平台，通过一系列技术基础实验与实训的逐步进行，使学生掌握一些常用的仪器、仪表和测量设备的使用方法及基本原理；掌握电工测量操作技能；学会判断、处理故障的基本方法；了解安全用电知识，为后续课程教学及相关学科的学习与实践奠定基础。

2.1　万用表的使用

2.1.1　实验目的

（1）掌握万用表的基本功能、操作技能和测量方法。

（2）掌握直流稳压电源的使用方法。

（3）了解实验的基本操作过程。

2.1.2　数字万用表测量原理

万用表是一种多用途的电表，其类型很多，如按读取所测量数据的方式可分为指针式和数字式两种类型。一般万用表都包含以下几个基本的测量功能：测量直流电流、直流电压、交流电压、电阻等。虽然万用表形式多种多样，测量范围及功能亦各有差异，但使用方法大体相同。

本实训课程主要运用的数字万用表功能包括：测量交直流电压/电流、电阻、二极管、电容、频率等。

1. 交直流电压的测量

通过转动功能量程旋钮开关选择数字万用表的测量电压功能，电压量程应大于被测量数据。测量电压时，将测试棒跨接（并联）于被测电路两端。测量电压接线原理如图 2.1.1（a）所示。

注意：

（1）测量直流电压时，黑色测试笔应接低电位点，红色测试笔应接高电位点。

（2）测量电压时，为了测量安全和避免烧坏数字万用表，应在切断电源的情况下变换电压的测量量程。

（3）测量未知量电压时，应先选择最高电压测量挡，根据第一次测量的数据确定测量电压的量程，这样可避免损坏万用表。

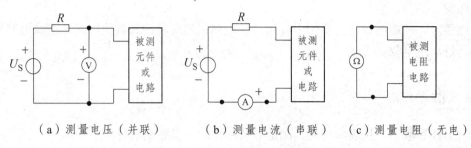

（a）测量电压（并联）　　　（b）测量电流（串联）　　　（c）测量电阻（无电）

图 2.1.1　电压、电流和电阻值的测量原理接线图

2. 交直流电流的测量

通过转动功能量程旋钮开关选择数字万用表的测量电流功能，电流量程应大于被测量数据。测量电流时，将测试棒串接于被测电路中。测量电流接线原理如图 2.1.1（b）所示。

注意：

（1）千万不要用测量电流功能挡测量电压，数字万用表会被烧毁。

（2）测量电流时，为了避免烧坏数字万用表，应在切断电源的情况下，进行万用表的连接和变换电流的测量量程。

（3）如被测电流量未知，应先选择最高电流测量挡，根据第一次测量的数据确定测量电流的量程，这样可避免损坏万用表。

3. 电阻的测量

转动功能量程旋钮开关至所需测量的电阻挡，将测量试棒两端短接，其电阻值应小于 0.5 Ω，否则检查表笔是否有松脱现象或其他原因。测量电阻接线原理如图 2.1.1（c）所示。

注意：

（1）断电测量电阻值。测量电路中的电阻时，必须先切断电源，如电路中有电容元件，则应对电容进行放电，绝对不能在带电线路上用万用表测量电阻值。

（2）测量误差。在低电阻测量时，表笔会产生约 0.1 ~ 0.2 Ω 的测量误差。为获得精度较高的测量数据，测量前先将表笔短路，采用 REL 相对测量模式，确保测量精度。

4. 数字万用表的使用步骤

万用表使用时要遵循一看、二扳、三试、四测 4 个步骤。

一看：接通电源前，看看数字万用表连接是否正确，是否符合被测量要求。即测量电流时，仪表与被测电路串联；测量电压时，仪表与被测电路并联；测量电阻时，仪表与被测电阻直接连接。

二扳：按照被测电量的种类和估计出的测量值的大小，转动功能量程旋钮开关至所需测量的功能和挡位上（如被测量未知，选择最高测量挡）。

三试：先试测，用测试笔触碰被测试点，根据仪表数据显示情况，确定仪表测量量程。

四测：在无异常现象时，可进行测量，读取数据。

注意：

测量时，使用测试笔不要用力过猛，以免测试笔滑动碰到其他电路，造成电路短路或测量电压过高等事故。

2.1.3　预习内容

（1）预习数字万用表的功能、测量方法和挡位、量程的选择。

（2）熟悉直流稳压电源的面板功能，预习直流稳压电源输出电压接线方式及调节输出电压的方法（见第 5 章）。

（3）分别画出串联、并联电阻测量电路图，并说明万用表的挡位、量程的选择。

（4）预习实验原理、内容及测量电路图，实验操作过程中，确定测量数据的测试方法。

（5）根据预习结果，填写实验表格中各个被测量的挡位选择、量程选择和标称值。

（6）明确实验项目中应注意的事项。

（7）撰写实验预习报告，内容包括：实训目的、原理、仪器仪表及设备装置、内容步骤、电路图表及操作注意事项等。

2.1.4　实验仪表和设备

实验仪表和设备包括：数字万用表、直流稳压源、电路实验箱。

2.1.5　实验内容及步骤

1. 测量电压

（1）测量交流电源插座的电压值，其测量接线操作如图 2.1.2 所示，并将测量交流电压数据记录在表 2.1.1 中。

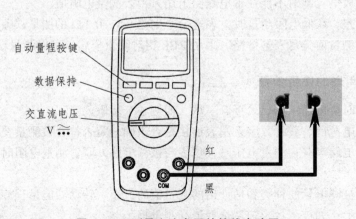

图 2.1.2　测量交流电压的接线电路图

注意：

① 万用表的量程选在交直流电压挡上。

② 切勿用万用表的电流挡、欧姆挡测量电压，否则，万用表会被烧毁。

③ 测量量程选择大于被测电压 220 V，即量程选择最大值 600 V。

④ 测量交流电压时注意人身安全。

（2）测量直流稳压源输出的电压值，其测量接线操作如图 2.1.3 所示，并将测量数据记录在表 2.1.1 中。

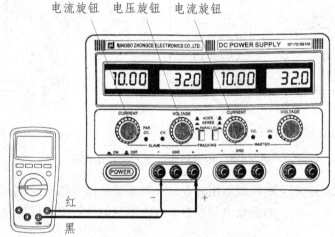

图 2.1.3　测量直流电压的接线电路图

表 2.1.1　电源电压的测量

测量项目	挡位选择	量程选择	标称值	测量值
交流电源			220 V	
直流电源			12 V	
直流电源			24 V	

直流稳压源作为直流电压源输出时，首先将两个电流调节旋钮（见图 2.1.3）顺时针调节到最大，然后打开电源开关 POWER，调节稳压源输出电压旋钮，使输出直流电压至需要的电压值，即用万用表测量的电压值如表 2.1.1 中各标称值所示。

注意：

① 万用表的量程选在交直流电压挡上，按自动量程键选择合适的测量量程（60 V）。

② 切勿用万用表的电流挡、欧姆挡测量电压，否则，万用表会被烧毁。

③ 调节直流稳压源电压时，注意输出电压由 0 V 缓慢逐渐增加。

④ 切勿将直流稳压源的输出端短路，否则，会损坏直流稳压电源。

⑤ 万用表测量直流电压时，注意万用表的红"＋"、黑"－"测试棒与直流稳压源的"＋、－"极性对应，如图 2.1.3 所示。

2. 测量电阻

（1）测量电阻元件 R_1、R_2、R_3 的参数，并将测量值记录在表 2.1.2 中。

注意：

① 用万用表的欧姆挡测量电阻元件的电阻数据。

② 切勿带电测量电阻值，如图 2.1.4 所示。

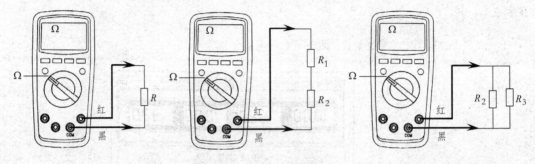

（a）测量电阻参数　　　　（b）测量串联电阻总参数　　　　（c）测量并联电阻总参数

图 2.1.4　测量电阻参数的接线电路图

（2）测量电阻元件 R_1、R_2 串联电阻参数，并将测量的电阻值记录在表 2.1.2 中。

（3）测量电阻元件 R_2、R_3 并联电阻参数，并将测量的电阻值记录在表 2.1.2 中。

表 2.1.2　电阻参数值的测量

测量项目	挡位选择	量程选择	标称值	测量值
R_1			300 Ω	
R_2			510 Ω	
R_3			1 000 Ω	
R_1、R_2 串联				
R_2、R_3 并联				

3. 串联电阻电路的分压特性测量

（1）首先将直流稳压源的两个电流调节旋钮顺时针调节到最大。

（2）打开电源开关 POWER，调节稳压源输出电压旋钮，并用万用表测得直流稳压输出电压为 $U_S = 26\,\text{V}$，然后关闭稳压源的电源，待用。

注意：千万不要用万用表的电流挡、欧姆挡测量直流稳压输出电压 U_S。

（3）按如图 2.1.5 所示电路接线。

注意：经指导教师检查线路无误后继续实训操作。

（4）用万用表分别测量图 2.1.5 所示串联电路 R_1、R_2、R_3 端电压 U_1、U_2、U_3，并将测量数据记录在表 2.1.3 中。

注意：用万用表测量电压时，万用表与被测元件并联，万用表的" + 、 - "极性与被测元件端电压的方向一致。

实训测量数据经指导教师检查合格后，调节直流稳压电源输出电压为 0 V，关闭直流稳压电源，拆线。

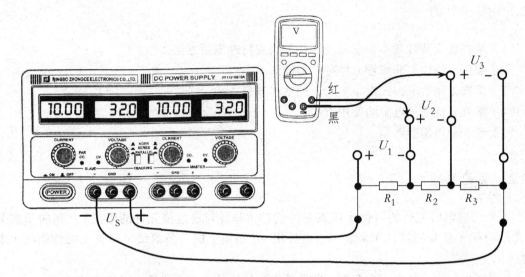

图 2.1.5 串联电阻电路的分压特性测量图

表 2.1.3 串联电路的电压测量

测量项目	挡位选择	量程选择	标称值/计算值	测量值
直流稳压电源 U_S			26 V	
U_1				
U_2				
U_3				

4. 实验结束后操作

将所用的仪器、仪表、器件和导线整理放置好。

2.1.6 实验报告

（1）将测量数据填写在预习报告表格中。
（2）总结用万用表测量电压、电阻的方式方法。
（3）讨论用万用表测量电压、电阻时，应注意什么问题？
（4）讨论使用直流稳压电源输出电压时，操作中应注意什么问题？
（5）讨论串联电阻电路的分压特性。
（6）记录实验体会。

2.2　伏安特性的测量

2.2.1　实验目的

（1）掌握伏安特性基本概念和元器件的伏安特性测量方法。
（2）加深对线性与非线性元件特性的理解。
（3）掌握万用表、台式数字多用表的基本测量方法。
（4）掌握直流稳压电源的使用方法。
（5）学会分析实验数据。

2.2.2　实验原理

一个二端电阻元件的特性可用该元件的端电压 u 与通过该元件的电流 i 之间的函数关系式 $u = f(i)$（伏安特性式）来表示，也可用 $u\text{-}i$ 平面上的一条曲线（即伏安特性曲线）来表征。

电阻元件的伏安特性分为两类，即线性电阻伏安特性和非线性电阻伏安特性。

1. 线性电阻

阻值 R 为常数的电阻称为线性电阻，即电阻的大小与端电压 u 和通过的电流 i 大小无关。如图 2.2.1（a）所示的线性电阻 R 的电压 u 与电流 i 之间的函数关系式为欧姆定律式 $u = Ri$，其伏安特性曲线是 $u\text{-}i$ 平面上一条过原点的直线，直线的斜率由电阻值 R 决定，如图 2.2.1（b）所示。

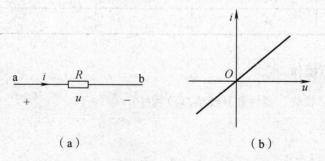

（a）　　　　　　　　　　　　　　（b）

图 2.2.1　线性电阻电路及伏安特性曲线图

2. 非线性电阻

阻值不是常数的电阻称为非线性电阻，即非线性电阻的阻值大小随端电压 u 大小变化而变化。

非线性电阻伏安特性是 $u\text{-}i$ 平面上一条过原点的曲线，例如：当半导体二极管 D 元件端电压和通过的电流如图 2.2.2（a）所示时，二极管 D 元件的伏安特性曲线如图 2.2.2（b）所示，即不同的电压作用下，其电阻值不同。

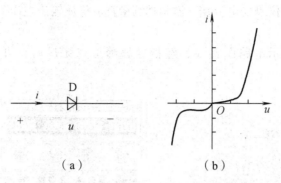

（a） （b）

图 2.2.2 二极管电路及伏安特性曲线图

3. 伏安特性曲线

通过实验方式，测量元器件的伏安特性曲线，从而分析出被测器件的物理特性。本次实验项目指定了两个元件，即线性电阻元件 R 和二极管元件 D，伏安特性测试电路如图 2.2.1、图 2.2.2 所示，其测量数据记录于表 2.2.1、表 2.2.2 中，根据表中实验数据，在坐标纸上描述出 u-i 平面的伏安特性测量曲线。

2.2.3 预习内容

（1）预习万用表电压、电流测量挡位、量程的选择方法及测量时的注意事项。
（2）预习台式数字多用表电压、电流测量使用方法。
（3）预习直流稳压电源输出电压的调节方法及注意事项。
（4）预习实验内容、操作步骤、实验图表等。
（5）撰写实验预习报告，内容包括：实训目的、原理、仪器仪表及设备装置、内容步骤、电路图表及操作注意事项等。

2.2.4 实验仪表和设备

实验仪表和设备包括：万用表、直流稳压源、台式数字多用表、电路实验箱。

2.2.5 实验内容及步骤

1. 线性电阻的伏安特性测量

（1）用万用表测量电阻 R 值，并记录于表 2.2.1 中，电阻待用。
注意：切勿带电测量电阻值。
（2）将直流稳压源的两个电流调节旋钮顺时针调节到最大；打开电源开关 POWER，调节稳压源输出电压旋钮，并用仪表测得直流稳压输出电压为 $U_S = 0 \text{ V}$，然后关闭稳压源的电源，待用。

注意：千万不要用仪表的电流挡、欧姆挡测量直流稳压输出电压 U_S；不能将直流稳压源输出端短路。

（3）按图 2.2.3 所示电路图接线，经指导教师检查无误后，可以开始进行实验操作测量。

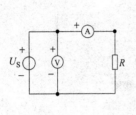　　　　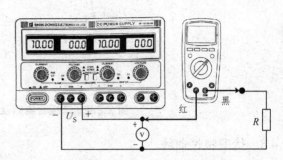

（a）测量电路图　　　　　　　　　　　　（b）仪器仪表接线电路图

图 2.2.3　线性电阻伏安特性测量电路

（4）打开直流稳压源开关，根据表 2.2.1 中给出的直流稳压输出电压 U_S 值，由小到大缓慢调节稳压源输出电压旋钮，一一测量电压 U_S、电流 I 数据，并记录于表 2.2.1 中。

注意：用万用表测量电路电流时，必须先将电路电源关闭，再将电表串入待测电流回路；万用表串入回路时"红""黑"测试笔的连接与被测电流方向的关系，即电流从"红"测试笔流入，"黑"测试笔流出；万用表测量电流挡位选择，量程必须大于被测电流。

（5）数据测量完成后，测量数据经指导教师检查后，调节直流稳压电源输出电压为 0 V，关闭电源，拆线。

表 2.2.1　线性电阻伏安特性测量表

测试项目　　测试条件	线性电阻 $R=$						
U_S	1 V	2 V	3 V	4 V	6 V	8 V	10 V
I							

2. 非线性元件伏安特性测量

1）二极管测量

根据图 2.2.2 的伏安特性曲线，用万用表测量二极管的开关特性，即当二极管加正向电压时呈低电阻特性，加反偏电压时呈高阻特性。测量电路如图 2.2.4 所示，并记住加正向电压所对应的管脚。

注意：测量二极管时，必须关闭被测电路的电源。

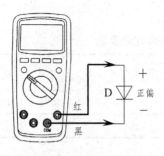

（a）正向偏置电压

（b）反向偏置电压

图 2.2.4　二极管脚正、反向电压极性的测量电路图

2）二极管加正向偏置电压的伏安特性测量

（1）打开直流稳压源的开关，调节输出电压为 $U_S = 0$ V，然后关闭稳压源的电源，待用。

（2）按图 2.2.5 所示电路图接线，经指导教师检查无误后，可以开始进行实训操作测量。

注意：

① 万用表测量电流连接时，必须关闭电源进行操作。

② 注意测量电流挡位选择，量程必须大于被测电流。

③ 万用表为测量电流挡位时，千万不要用来测量电压。

提示：因万用表、台式数字多用表都有测量电压、电流的功能，可根据测量的量程，选择仪表的测量功能，即：可选用万用表测量电压，台式数字多用表测量电流。注意改变仪表测量功能的同时，改变其测量接线图。

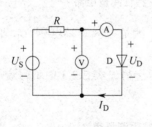

（a）实训电路图

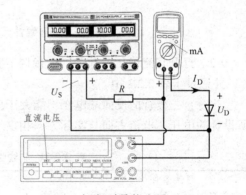

（b）测量接线图

图 2.2.5　非线性元件 D 正向伏安特性测量电路

（3）打开直流稳压源开关，根据表 2.2.2 中给出的直流稳压输出电压 U_D 值，由小到大缓慢调节稳压源输出电压旋钮，一一测量电压 U_D、电流 I_D 数据，并记录于表 2.2.2 中。

注意：测量电流量程的单位。

（4）数据测量完成后，测量数据经指导教师检查后，调节直流稳压源输出为 0 V，关闭直流稳压电源。

表 2.2.2　非线性元件 D 正向特性测量表

测试条件 测试项目	$R = 200\,\Omega$，非线性元件 D									
U_D	0.1 V	0.3 V	0.4 V	0.5 V	0.6 V	0.65 V	0.7 V	0.75 V	0.8 V	0.85 V
I_D										

3）二极管加反向偏置电压的伏安特性测量

（1）按图 2.2.6 所示电路图接线，即将图 2.2.5 中二极管的 2 个管脚对调连接。

注意：万用表、台式数字多用表的连接不变，只是重新选择仪表测量的量程，即电流为微安级电流。

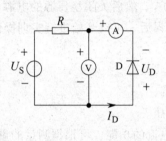
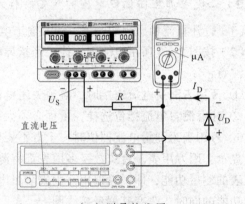

（a）实训电路图　　　　　　　　　　（b）测量接线图

图 2.2.6　非线性元件 D 反向伏安特性测量电路

（2）打开直流稳压源开关，缓慢调节直流稳压源，测量二极管端电压 U_D 及对应的电流 I_D，并记录于表 2.2.3 中。

注意：二极管的反向端电压不能大于反向击穿电压。另，表 2.2.3 中负号说明图 2.2.6 中所设置的电压、电流方向与实际方向相反。

表 2.2.3　非线性元件 D 反向特性测量表

测试条件 测试项目	$R = 200\,\Omega$，非线性元件 D									
U_D	0 V	−1 V	−2 V	−3 V	−5 V	−7 V	−9 V	−12 V	−15 V	−18 V
I_D										

（3）数据测量完成后，测量数据经指导教师检查合格后，关闭直流稳压电源及电源，拆线。

4）实验结束后操作

将所用的实验仪器、仪表及器件整理放置好，将导线整理好。

2.2.6　实验报告

（1）根据测量数据，在坐标纸上画出光滑的伏安特性曲线，并说明其元件的电压与电流的特性。

（2）总结在测量电压与电流时，选择测量量程时应注意什么问题，测量量程是否选择越大越好，为什么？

（3）总结实验操作过程中，使用万用表、台式数字多用表和直流稳压源应注意什么问题？

（4）记录实验体会与收获。

2.3　电位的测量

2.3.1　实验目的

（1）加深对电路中参考点的作用及理解。

（2）掌握电位的基本概念及测量方法。

（3）掌握万用表、直流稳压电源使用方法。

2.3.2　实验原理

参考点：任选电路中某一点电势值（电位值）为零，则称该点为参考点，通常零电位（参考点）选择是设备的外壳或接地端。

如图 2.3.1 所示，图（a）中 d 点为参考点，即电位 $V_d = 0\ \text{V}$；图（b）中 b 点为参考点，即电位 $V_b = 0\ \text{V}$。

电位：电路中某点相对参考点的电势差称为电位。

如图 2.3.1 所示，图（a）中 V_a、V_b、V_c 是相对参考点 d 的电位；图（b）中 V_a、V_c、V_d 是相对参考点 b 的电位。

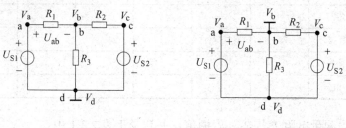

（a）设 V_d 为零电位　　　　　　　（b）设 V_b 为零电位

图 2.3.1　电位测量原理电路图

电压：任意两点间的电位差称为电压。

如图 2.3.1 所示，a、b 两点间的电位差（$V_a - V_b$）称为电压 U_{ab}，即电压 $U_{ab} = V_a - V_b$。可见，电位是相对参考点之间的电势差，当参考点发生变化时，电路中各点的电位也随之发生变化。电压是两点电位之差，不随参考点的变化而变化。即这就是电位的"相对性"，电压的"绝对性"。通过本次项目的实施，可说明"电位"与"电压"概念上的不同之处。

2.3.3 预习内容

（1）预习万用表电压测量方法及注意事项。

（2）预习直流稳压电源双路输出电压的使用方法及操作注意事项。

（3）预习电位的基本概念和实验内容、操作步骤、测量图表等。

（4）撰写预习报告。

2.3.4 实验仪表和设备

实验仪表和设备包括：万用表、直流稳压源、电路实验箱。

2.3.5 实验内容及步骤

1. d 点为参考点

（1）将直流稳压源的两个电流调节旋钮顺时针调节到最大后，打开稳压源开关，分别缓慢地调节电压旋钮，使两个输出电压值如表 2.3.1 中参数所示，然后关闭稳压源的电源，待用。

表 2.3.1　电位测量表

测试项目\测试条件		U_{S1}=12 V R_1=			R_2=	U_{S2}=8 V R_3=		
参考点	表笔	V_a	V_b	V_c	V_d	U_{ab}	U_{bc}	U_{ac}
d	红表笔接							
	黑表笔接							
	测量值							
b	红表笔接							
	黑表笔接							
	测量值							

（2）用万用表测量电阻 R_1、R_2、R_3 的值，并记录于表 2.3.1 中。

（3）按图 2.3.2 所示电路图接线，经指导教师检查无误后，可以开始进行实训操作测量。

（4）万用表黑色测试表笔连接参考点 d，红色测试表笔分别连接 a、b、c 各点，测量电位 V_a、V_b、V_c、V_d，并将测量数据记录于表 2.3.1 中；再用万用表测量电压 U_{ab}、U_{bc}、U_{ac}，并将测量数据记录于表 2.3.1 中。

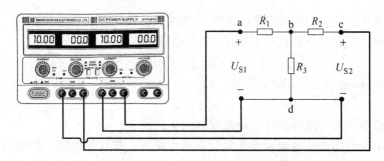

图 2.3.2　电位、电压的测量电路图

注意：

① 测量电位时，万用表黑表笔连接 d 点保持不变。

② 万用表测量电压量程必须大于被测电位、电压。

③ 千万不要将直流稳压源输出端短路。

2. b 点为参考点

（1）万用表黑表笔连接参考点 b，红色测试表笔分别连接 a、c、d 各点，测量电位 V_a、V_b、V_c、V_d，并将测量数据记录于表 2.3.1 中；再用万用表测量电压 U_{ab}、U_{bc}、U_{ac}，并将测量数据记录于表 2.3.1 中。

注意：

① 测量电位时，万用表黑表笔连接 b 点保持不变。

② 万用表测量电压量程必须大于被测电位、电压。

③ 千万不要将直流稳压源输出端短路。

（2）数据测量完成后，测量数据经指导教师检查合格后，调节直流稳压电源输出电压为 0 V，关闭直流稳压电源，拆线。

3. 实验结束后操作

将所用的实验仪器、仪表及器件整理放置好，将导线整理好。

2.3.6　实验报告

（1）根据测量数据，分析电位的相对性和电压的绝对性。

（2）分析电压 U_{ab}、U_{bc}、U_{ac} 之间的关系。

（3）总结实验操作步骤及注意事项。

（4）记录实验体会。

2.4　基尔霍夫定律的验证

2.4.1　实验目的

（1）加深对基尔霍夫定理的理解。

（2）掌握电压、电流的测量方法及相关仪器仪表的操作和注意事项。

（3）学会运用实验测量数据论证定律。

2.4.2 基尔霍夫定律

在电路分析中，各支路的电压和电流受到两类约束：

元件的约束：例如线性电阻元件在关联参考方向下，其线性电阻元件伏安特性的约束为欧姆定律 $u = Ri$。

电路的约束：对各支路电流之间的约束有基尔霍夫电流定律（KCL）；对各支路电压之间的约束有基尔霍夫电压定律（KVL）。

注意：基尔霍夫定理与元件的性质无关。

1. 基尔霍夫电流定律（KCL）

KCL：在集中电路中，任何时刻，对任一结点，所有流出结点的支路电流代数和恒等于零。即对电路中任一结点有

$$\sum i = 0$$

2. 基尔霍夫电压定律（KVL）

KVL：在集中电路中，任何时刻，沿着任一回路，所有支路电压的代数和恒等于零。即沿电路中任一回路有

$$\sum u = 0$$

3. KCL、KVL 的验证项目电路

图 2.4.1（a）（b）分别为线性电路和非线性电路，通过实训中电压、电流数据的测量，证明：

（1）所有流出结点的电流代数和恒等于零，或流入结点的电流等于流出该结点的电流。

（2）沿着任一回路的电压降代数和恒等于零，或电压降等于电压升。

（3）基尔霍夫定理关注的是电路中的电流、电压，与电路中的元件性质（线性元件或非线性元件）无关。

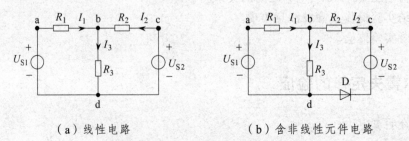

（a）线性电路　　　　　　　　（b）含非线性元件电路

图 2.4.1　基尔霍夫定理验证电路图

2.4.3 预习内容

（1）预习 KCL、KVL。

（2）预习万用表、直流稳压电源等实验仪器仪表和实验装置的使用方法及注意事项。

（3）预习实验内容、操作步骤、实验图表等。

（4）撰写实验预习报告，明确实验操作中应注意的事项。

2.4.4 实验仪表和设备

实验仪表和设备包括：万用表、直流稳压源、台式数字多用表、电路实验箱。

2.4.5 实验内容及步骤

1. 线性电路的 KCL、KVL 参数测量

（1）将直流稳压源的两个电流调节旋钮顺时针调节到最大后，打开稳压源开关，分别缓慢地调节电压旋钮，使两个输出电压值如表 2.4.1 的参数所示，然后关闭稳压源的电源，待用。

（2）用万用表测量电阻 R_1、R_2、R_3 的值（即可选择被测电阻参考值为 R_1=1 kΩ、R_2=510 Ω、R_3=1 kΩ），并记录于表 2.4.1 中。

表 2.4.1 线性电路的 KCL、KVL 数据测量表

测试项目	测试条件	U_{S1}=6 V			U_{S2}=12 V			
		R_1=			R_2=		R_3=	
测量项目	表笔	I_1	I_2	I_3	U_{ab}	U_{bd}	U_{cb}	U_{ca}
KCL	连接方式				—	—	—	—
	测量值				—	—	—	—
KVL	连接方式							
	测量值							

（3）按图 2.4.2 所示电路图接线，经指导教师检查无误后，打开稳压源开关，开始电量测试操作。

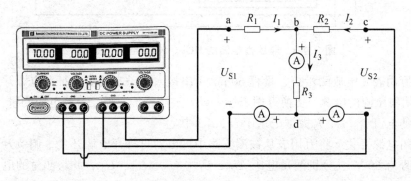

图 2.4.2 线性电路的 KCL、KVL 电量测量图

注释：图 2.4.2 中符号 Ⓐ 为测量支路电流时，万用表在被测电路中的连接方式。

（4）调节万用表为电流测量挡，选择量程为 60 mA，并将红、黑表笔串联于被测电流支路中（如图 2.4.2 所示），分别测量支路电流 I_1、I_2、I_3，并将测量的电流数据记录于表 2.4.1 中。

注意：

① 万用表在切换测量支路电流时，先关闭稳压源的电源，待万用表接入另一支路后，再打开稳压源的电源。

② 万用表的电流挡位不能测量电压。

（5）关闭电源开关，将万用表从被测支路中拆出后再打开电源开关，调节万用表为电压测量挡（注意：千万不要用万用表的电流挡测量电压），选择量程为 60 V，并将红、黑表笔并联于被测电路或元件两端，分别测量电压 U_{ab}、U_{bc}、U_{cb}、U_{ca}，并将测量的电压数据记录于表 2.4.1 中。

注意：

① 被测电压变量的下标表示了被测电压的方向。

② 红表笔接被测电压"正极"，黑表笔接"负极"。

（6）测量完毕后，根据 KCL、KVL 验证测量数据是否正确，如果正确，关闭直流稳压源的电源（注意：不要调节直流稳压源的电压旋钮，保持输出电压值不变）。

2. 非线性电路的 KCL、KVL 参数测量

（1）将非线性元件二极管接入图 2.4.2 电路中，如图 2.4.3 所示，在电路中 d、e 之间接入二极管 D。

注意：不能将直流稳压源输出端短路。

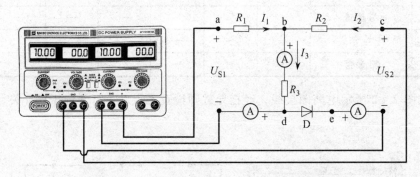

图 2.4.3　非线性电路的 KCL、KVL 电量测量图

（2）将万用表（电流测量挡、量程 60 mA）串接入一条支路后，打开电源开关，测量电流 I_1；再关闭稳压源的电源，切换万用表接入另一被测量的支路，打开电源测量，以此类推，最后将测量的电流 I_1、I_2、I_3 数据记录于表 2.4.2 中。

（3）关闭电源开关，将万用表从被测支路中拆出后再打开电源开关，调节万用表为电压测量挡（量程为 60 V），分别测量电压 U_{ab}、U_{bc}、U_{cb}、U_{ca}、U_{de}，并将测量的电压数据记录于表 2.4.2 中。

表 2.4.2　非线性电路的 KCL、KVL 数据测量表

测试项目＼测试条件		U_{S1}=6 V R_1=				R_2=	U_{S2}=12 V	R_3=	
测量项目	表笔	I_1	I_2	I_3	U_{ab}	U_{bd}	U_{cb}	U_{ca}	U_{de}
KCL	连接方式				—	—	—	—	—
	测量值				—	—	—	—	—
KVL	连接方式	—	—	—					
	测量值	—	—	—					

（4）测量完毕后，根据 KCL、KVL 验证测量数据是否正确，如果正确，经指导教师检查合格后，调节旋直流稳压源输出值为零，关闭稳压源的电源，拆线。

（5）将所用的实验仪器、仪表及器件整理放置好，将导线整理好。

2.4.6　实验报告

（1）根据电流测量数据，验证 KCL，并说明 KCL 是否与元件特性有关。

（2）根据电压测量数据，验证 KVL，并说明 KVL 是否与元件特性有关。

（3）总结万用表在测量多条支路电流时，操作过程中的注意事项；电路中电压、电流的一般测量操作规律和注意事项。

（4）万用表在测量电压、电流时，是否都要求先关闭电源，待万用表与被测电路连接好后，再打开电源进行测量？是否电压、电流测量完毕后，都必须先关闭电源，再将万用表从被测电路中拆出？

（5）记录实验体会。

2.5　叠加原理的验证

2.5.1　实验目的

（1）掌握证明定理的实验方式、方法及操作过程。

（2）验证线性电路的叠加性和齐次性，加深对叠加原理的理解。

（3）正确连接实验电路，掌握万用表、直流稳压电源及实验装置的使用。

（4）学会运用实验测量数据论证定理。

2.5.2　实验原理

1. 叠加原理

线性电路中，任意电压或电流等于电路中各个独立电源分别单独作用时，在该处产生的电压或电流的叠加。

注意：

（1）叠加原理适用于线性电路，不适用于非线性电路。例如，图 2.5.1 电路中电流 I 可用叠加原理进行测量；而图 2.5.2 电路中电流 I 则不能用叠加原理进行测量。

图 2.5.1　线性电路　　　　　　　　图 2.5.2　非线性电路

（2）在实验操作中，没有作用的电压源，用短路导线替代，如图 2.5.3 所示。千万不可直接将稳压源输出端口短路，否则会损坏设备。

（a）U_{S1} 电源单独作用　　　　　　　（b）U_{S2} 电源单独作用

图 2.5.3　图 2.5.1 电路的叠加图

（3）叠加电路图只改动原图中的电源连接方式，其他元器件及电路结构都不予变动，如图 2.5.3 所示。

2. 线性电路的叠加性与齐次性

叠加性：线性电路图 2.5.1 中有两个输入信号 U_{S1} 和 U_{S2}，当信号 U_{S2} 为零时，输入信号 U_{S1} 产生的输出电流为 I'，如图 2.5.3（a）所示；当信号 U_{S1} 为零时，输入信号 U_{S2} 产生的输出为 I''，如图 2.5.3（b）所示；当输入信号 U_{S1} 和 U_{S2} 共同作用时产生的输出 I 等于输入信号 U_{S1} 和 U_{S2} 分别单独作用时产生的输出叠加（$I'+I''$），这就是线性电路的叠加性。

齐次性：若输入信号 x 产生输出为 y，则当输入信号为 kx 时，其产生的输出为 ky，这就是线性电路的齐次性。

2.5.3　预习内容

（1）预习叠加原理的应用和线性电路的叠加性、齐次性。

（2）预习实验内容及操作步骤，计算图 2.5.3 所示电路中各电量，填入表 2.5.1 中，同时填写万用表测量电量时的连接方式、挡位、量程等内容。

（3）预习仪器、仪表的使用方法及注意事项。

（4）完成预习报告。

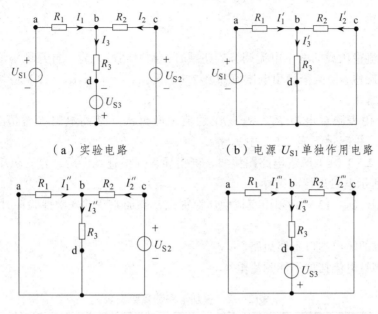

（a）实验电路　　　　　　　　　　　（b）电源 U_{S1} 单独作用电路

（c）电源 U_{S2} 单独作用电路　　　　　（d）　电源 U_{S3} 单独作用电路

图 2.5.3　实验电路及叠加图

表 2.5.1　叠加原理计算数据表

分析项目	电路参数	$U_{S1}=6$ V $R_1=510$ Ω	$U_{S2}=12$ V $R_2=1$ kΩ	$U_{S3}=15$ V $R_3=1$ kΩ			
U_{S1} 单独作用	变量	I_1'	I_2'	I_3'	U_{ab}'	U_{bd}'	U_{cb}'
	计算值						
U_{S2} 单独作用	变量	I_1''	I_2''	I_3''	U_{ab}''	U_{bd}''	U_{cb}''
	计算值						
U_{S3} 单独作用	变量	I_1'''	I_2'''	I_3'''	U_{ab}'''	U_{bd}'''	U_{cb}'''
	计算值						
U_{S1}、U_{S2}、U_{S3} 作用	变量	I_1	I_2	I_3	U_{ab}	U_{bd}	U_{cb}
	计算值						
万用表	操作	测量电流			测量电压		
	连接方式						
	挡位						
	量程						

2.5.4　实验仪表和设备

实验仪表和设备包括：万用表、直流稳压源、台式数字多用表、电路实验箱。

2.5.5　实验内容及步骤

（1）将直流稳压源的两个电流调节旋钮顺时针调节到最大后，打开稳压源开关，分别缓慢地调节电压旋钮，使两个输出电压值如表 2.5.2 所示 U_{S1}=6 V，U_{S2}=12 V 参数，然后关闭稳压源的电源，待用。

（2）用万用表测量电阻 R_1、R_2、R_3 的值（即可选择被测电阻参考值为 R_1=510 Ω、R_2=R_3=1 kΩ），并记录于表 2.5.2 中。

（3）按图 2.5.3（a）所示电路图接线，经指导教师检查无误后，打开稳压源开关，开始对表 2.5.2 中所示电量进行测试操作。

注释：电压 U_{S2}=12 V 必须由直流稳压源提供，叠加原理的齐次性验证时有需要。

注意：

① 电压源的输出端口不能短路。

② 注意测量电流挡位不能测量电压。

表 2.5.2　叠加电路测量数据表

电路参数 / 实验项目		U_{S1}=6 V R_1=	U_{S2}=12 V R_2=	U_{S3}=15 V R_3=			
U_{S1}、U_{S2}、U_{S3} 作用	变量	I_1	I_2	I_3	U_{ab}	U_{bd}	U_{cb}
	测量值						
U_{S1} 单独作用	变量	I_1'	I_2'	I_3'	U_{ab}'	U_{bd}'	U_{cb}'
	测量值						
U_{S2} 单独作用	变量	I_1''	I_2''	I_3''	U_{ab}''	U_{bd}''	U_{cb}''
	测量值						
U_{S3} 单独作用	变量	I_1'''	I_2'''	I_3'''	U_{ab}'''	U_{bd}'''	U_{cb}'''
	测量值						
改变电压源 U_{S2}		U_{S2}=24 V					
U_{S2} 单独作用	变量	I_1''	I_2''	I_3''	U_{ab}''	U_{bd}''	U_{cb}''
	测量值						

（4）按图所示电路，分别测量相关电压、电流参数，并将测量数据记录在表 2.5.2 中。

注意：测量仪器仪表的挡位和量程，电流挡位不能测量电压；变更电路图时，先关闭电源开关，在电路不带电条件下进行电路的变换；千万不要将电压源输出端短路。

（5）实验测量数据经指导教师检查合格后，关闭稳压电源和实验供电板开关，拆线。将所用的实验仪器、仪表及器件整理放置好，将导线整理好。

2.5.6　实验报告

（1）根据表 2.5.2 中实验数据，验证线性电路的叠加性和齐次性。

（2）根据测量数据，计算 R_1、R_2、R_3 消耗的功率，并证明功率不能用叠加原理计算。

（3）总结实验操作中的注意事项及实验体会。

2.6 戴维南定理的验证

2.6.1 实验目的

（1）加深对戴维南定理和 "等效"概念的理解。

（2）正确使用万用表和直流稳压电源。

（3）掌握用实验方法证明定理的操作技能。

2.6.2 实验原理

1. 戴维南定理

戴维南定理的示意图如图 2.6.1 所示。即：

任何一个线性有源二端网络［如图 2.6.1（b）所示］，对外电路来说，可以用一个电压源 U_{OC} 和电阻的串联 R_0 组合置换［如图 2.6.1（c）所示］，此电压源的电压 U_{OC} 等于网络的开路电压 U_{OC}［如图 2.6.1（d）所示］，电阻 R_0 等于网络中全部独立电源为零后的等效电阻 R_0［如图 2.6.1（a）所示］。

2. 实验操作原理

设：N_S 为线性有源二端网络，则 N_S 的戴维南等效电路用实验方法测量图 2.6.1 中的开路电压 U_{OC} 和图 2.6.1（a）中的等效电阻 R_0 进行验证。其中，等效电阻 R_0 的测量方法有三种，即：

（1）用万用表的欧姆挡位，测量线性无源二端网络 N_0 的等效电阻 R_0。测量电路如图 2.6.2 所示。

注意：

① "无源二端网络 N_0"是将 "线性有源二端网络 N_S"中所有的独立电源置零而得到的。实验中千万不可将独立电源输出端短路。

② 独立电压源 "置零"概念：实验中用一根导线等效替代独立电压源。

③ 独立电流源 "置零"概念：实验中直接用开路等效替代独立电流源。

（2）在有源二端网络 N_S 允许短路的条件下，测量网络 N_S 的短路电流 I_{SC}，如图 2.6.3 所示。

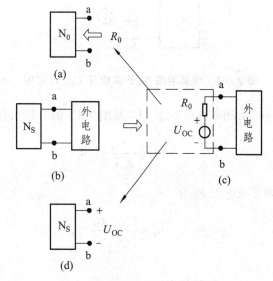

图 2.6.1 戴维南定理示意图

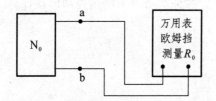
图 2.6.2　测量等效电阻 R_0 电路图

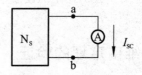
图 2.6.3　测量网络 N_S 的短路电流 I_{SC} 电路图

注意：

① 实验测量中决不能使用"短路线"直接将有源二端网络 N_S 中的独立电源设备短路。

② "有源二端网络 N_S"短路后，估算各独立电源端参数值，其数据的大小应小于设备提供的技术指标值。

根据图 2.6.4 所示电路，测量开路电压 U_{OC}。计算等效电阻 R_0：

$$R_0 = \frac{U_{OC}}{I_{SC}}$$

（3）对于线性有源两端网络 N_S，如果网络 N_S 不允许短路，可用外接已知电阻 R_L 元件间接测量等效电阻 R_0，测量原理电路如图 2.6.5 所示。

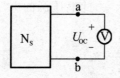

图 2.6.4　测量网络 N_S 开路电压 U_{OC} 电路图　　　　图 2.6.5　间接测量等效电阻 R_0 电路图

由测量数据 U_{OC}、U_L 及图 2.6.6 的分析可知：

$$U_L = \frac{U_{OC}}{R_0 + R_L} \cdot R_L$$

则等效电阻 R_0 为

$$R_0 = \frac{U_{OC} - U_L}{U_L} \cdot R_L$$

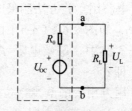

图 2.6.6　计算等效电阻 R_0 的
原理电路图

2.6.3　预习内容

（1）预习戴维南定理。

（2）预习实验内容、操作过程及注意事项。

（3）写出连接如图 2.6.7 所示各电路图的接线操作步骤，并分析被测数据的大小。

（4）预习仪器仪表的操作方法、测量注意事项。

（5）撰写预习报告。

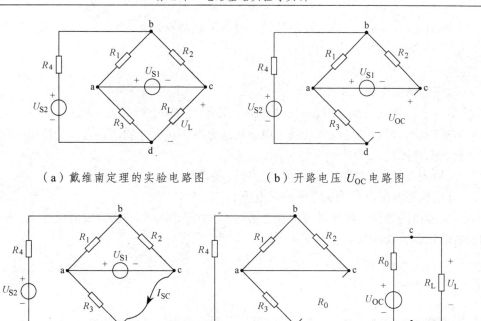

（a）戴维南定理的实验电路图　　　　（b）开路电压 U_{OC} 电路图

（c）测量短路电流电路图　　（d）等效电阻 R_0 电路图　　（e）戴维南等效电路图

图 2.6.7　戴维南定理的验证测量电路图

2.6.4　实验仪表和设备

实验仪表和设备包括：万用表、直流稳压源、台式数字多用表、电路实验箱。

2.6.5　实验内容及步骤

1. 戴维南定理的验证

（1）将直流稳压源的两个电流调节旋钮顺时针调节到最大后，打开稳压源开关，分别缓慢地调节电压旋钮，使两个输出电压值如表 2.6.1 所示的 U_{S1}=6 V、U_{S2}=18 V，然后关闭稳压源的电源，待用。

（2）用万用表测量电阻 R_1、R_2、R_3、R_4 和 R_L 值（选择被测电阻参考值为 $R_1 = 1\ \text{k}\Omega$，$R_2 = 1\ \text{k}\Omega$，$R_3 = 300\ \Omega$，$R_4 = 100\ \Omega$，$R_L = 510\ \Omega$），并记录于表 2.6.1 中。

表 2.6.1　验证戴维南定理的数据测量表

电路参数 实验项目	U_{S1}=6 V $\quad$ U_{S2}=18 V				
	R_1 =	R_2 =	R_3 =	R_4 =	R_L =
电路图	图 2.6.7（a）	图 2.6.7（b）	图 2.6.7（c）	图 2.6.7（d）	图 2.6.7（e）
变量	U_L	U_{OC}	I_{SC}	R_0	U_L
测量值					

（3）按图 2.6.7（a）所示电路图接线，经指导教师检查无误后，打开稳压源开关，开始对表 2.6.1 中所示电量进行测试操作。

注意：

① 电压源的输出端口不能短路。

② 更改电路图或更换万用表测量挡位时，必须先关闭电源开关，再进行线路的改接和万用表的测量挡位、量程的更改，在确定更换后的电路连接无问题后，再打开稳压电源开关，继续实验数据的测量。

③ 万用表测量挡位不同，其是测量量程概念有所不同。

④ 万用表的电阻测量挡位不能测量电压。

（4）实验测量数据经指导教师检查合格后，关闭稳压电源和实验供电板开关，拆线。将所用的实验仪器、仪表及器件整理放置好，将导线整理好。

2.6.6　实验报告

（1）根据图 2.6.7（a）（e）的测量结果，说明戴维南定理的正确性。

（2）根据图 2.6.7（b）（c）的测量数据，计算等效电阻值，并与图 2.6.7（d）测量的 R_0 值进行比较，并说明其原理。

（3）画出图 2.6.7 各电路的测量仪表接线图。

（4）总结实验操作中的注意事项及实验体会。

2.7　示波器的使用

2.7.1　实验目的

（1）了解示波器的工作原理，掌握用示波器测量信号及电路参数的方式方法。

（2）掌握函数发生器的使用方法。

2.7.2　示波器的工作原理简述

示波器是一种通过显示屏以图形方式反映测量结果的电子测量仪器，它能够直接显示和观测被测信号，因此被广泛地应用于许多领域。

1. 示波器的分类

根据示波器的性能和结构的不同，可将示波器分为模拟、数字、混合和专用 4 类。

1）模拟示波器

（1）通用示波器：是采用单束示波管的示波器。

（2）多束示波器：是采用多束示波管的示波器。屏上显示的每个波形都由单独的电子束产生，它能同时观测、比较两个以上的波形。

（3）取样示波器：它根据取样原理将高频信号转换为低频信号，然后再进行显示。

2）数字存储示波器

数字存储示波器是具有记忆、存储被观察信号功能的示波器。它可以用来观测和比较单次过程和非周期现象、低频和慢信号以及在不同时间或不同地点观测到的信号。

3）混合信号示波器

混合信号示波器是一种把数字示波器对信号细节的分析能力和逻辑分析仪多通道定时测量能力组合在一起的测量仪器。

4）专用示波器

专用示波器又称为特殊示波器，主要指一些不属于前三类，但能满足特殊用途的示波器。

在电路实验教学中主要运用的是模拟式双通道示波器。因此，本书重点介绍模拟示波器的工作原理。

2. 模拟示波器的工作原理

模拟示波器是示波器中应用最广泛的一种。它通常泛指除取样示波器、专用示波器以外的采用单束示波管的各种示波器。

（1）模拟示波器的构成。模拟示波器主要由示波管、垂直通道和水平通道三部分组成，此外还包括多种电源电路和校准信号发生器等电路系统。模拟示波器的主要组成部分如图 2.7.1 所示。

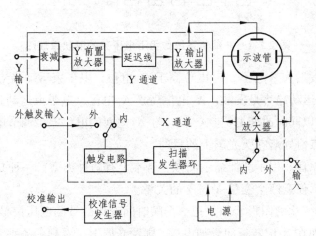

图 2.7.1 模拟示波器的主要组成图

（2）阴极射线示波管。电子示波器的"心脏"是阴极射线示波管（CRT）。示波管主要由电子枪、偏转系统和荧光屏三部分组成。它们都被密封在真空的玻璃壳内，基本结构如图 2.7.2 所示。电子枪产生的聚焦良好的高速电子束射在荧光屏上，使后者在相应部位产生荧光，而偏转系统能改变电子束射到荧光屏上的位置。可以形象地把电子枪比作画图的笔，把荧光屏比作画图的纸，而偏转系统相当于握笔的手。

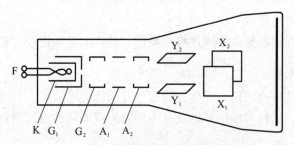

图 2.7.2　阴极射线示波管的基本结构图

在图 2.7.2 中，灯丝 F、阴极 K、栅极 G_1 和 G_2、阳极 A_1 和 A_2 组成阴极射线示波管的电子枪。其中：

灯丝 F：用于产生热量。

阴极 K：当灯丝 F 加热后，涂有氧化物的阴极 K 发射大量的电子。

控制栅极 G_1：起着调节电子密度进而调节光点亮度的作用，常被称为"辉度"调节旋钮；G_1 对 K 的负电位是可变的，G_1 的电位越负，射到荧光屏上的电子数越少，图形越暗。

第二栅极 G_2，阳极 A_1、A_2：它们与 G_1 组成聚焦系统，对电子束进行聚焦和加速，使得高速电子射到荧光屏上时恰好聚成很细的一束，如图 2.7.3 所示。

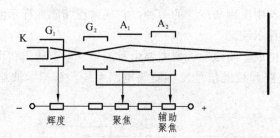

图 2.7.3　在聚焦系统作用下电子束的形状原理图

工作原理：K 发射大量电子，G_2 电位高于 G_1 电位，电子束运动趋势是聚拢；A_1 电位低于 G_2 电位，电子束运动趋势是发散；A_2 电位高于 A_1 电位，电子束运动趋势是聚拢。因此，调节 A_1 的电位，可以同时改变 G_2 与 A_1、A_1 与 A_2 之间的电位差，调节电子枪的聚焦系统，从而达到电子的焦点恰好落在荧光屏上的目的。

（3）图像显示原理。用示波器显示图像，基本上有两种类型：一种是显示随时间变化的信号；另一种是显示任意两个变量 X 与 Y 的关系。

① 显示随时间变化的图形。如果把一个随时间变化的被测电压信号，通过 Y 通道电路加到 Y 偏转板上，而在 X 偏转板间没加电压，则荧光屏上可看到一条垂直直线，这条直线是电子束在 Y 方向按信号变化的规律运动的轨迹，如图 2.7.4 所示。

如果在 X 偏转板上加一个随时间而呈线性变化的电压（锯齿电压），而在 Y 偏转板间没加电压，则在荧光屏上会反映一条与时间成正比变化的直线（称为时间基线），如图 2.7.5 所示。当锯齿电压达到最大值时，荧光屏上光点在水平方向亦达到最大偏转（右端），随着锯齿波电压迅速返回起始点，光点也迅速返回最左端，再重复前面的变化。光点在锯齿波作用下扫动的过程称为扫描，能实现扫描的锯齿波电压叫扫描电压，光点自左向右的连续扫动称为扫描正程，光点自荧光屏的右端迅速返回扫描起点（左端）称为扫描回程。

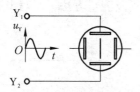

图 2.7.4　Y 偏转板加信号电压

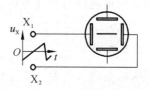

图 2.7.5　X 偏转板加锯齿电压

当 Y 偏转板被加上观测的信号，X 偏转板上加上扫描电压时，被测信号与扫描电压在荧光屏上合成的结果如图 2.7.6 所示。调节扫描电压的周期 T_X 是被观察信号周期 T_Y 的整数倍时，扫描的每一个周期所描绘的波形完全一样，荧光屏上则显示出清晰而稳定的波形，这叫信号与扫描电压同步。

② 显示任意两个变量之间的关系。在示波管中，电子束同时受 X 和 Y 两对偏转板上的电压信号 u_X、u_Y 作用，由 u_X、u_Y 共同决定电子束的运动轨迹（即决定光点在显示屏上的位置）。利用这种特点，可以把示波器变为一个 X-Y 图示仪，使示波器的功能得到扩展。

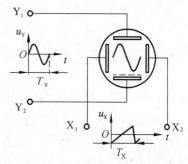

图 2.7.6　信号波形在时间轴上展开

例如，图 2.7.7 所示的李沙育图形，如果两个电压信号为 $u_X = u_Y$，则在显示屏上显示为一条与横轴呈 45° 角的直线，如图 2.4.7（a）所示。

如果两个电压信号为 $u_X(t) = U_m \sin \omega t$，$u_Y(t) = U_m \sin(\omega t + 90°)$，则在显示屏上显示为一个圆，如图 2.7.7（b）所示。

如果两个电压信号为 $u_X(t) = U_{mX} \sin \omega t$，$u_Y(t) = U_{mY} \sin(\omega t + 90°)$，则在显示屏上显示为一个椭圆，如图 2.7.7（c）所示。

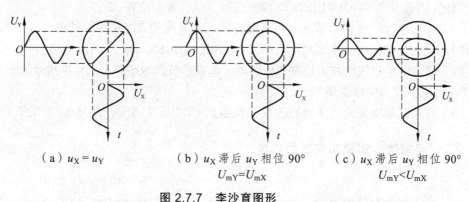

（a）$u_X = u_Y$　　　（b）u_X 滞后 u_Y 相位 90°　　　（c）u_X 滞后 u_Y 相位 90°
$U_{mY} = U_{mX}$　　　　　　　$U_{mY} < U_{mX}$

图 2.7.7　李沙育图形

2.7.3　预习内容

（1）预习示波器的工作原理及技术指标和基本功能。
（2）掌握示波器各旋钮的测量功能、调节方式及测量数据的读取方法。

（3）预习函数发生器的基本性能指标和功能，掌握函数发生器的使用方法。

（4）了解使用示波器对交流电压、频率等的操作过程及测量方法，并写出下面各测量值的计算公式：

有效电压值 = ＿＿＿＿＿＿＿＿＿，　　　　频率 = ＿＿＿＿＿＿＿＿＿＿＿＿。

（5）预习实验电路及内容，撰写预习报告。

2.7.4　实验仪表和设备

实验仪表和设备包括：万用表、双踪示波器、函数发生器、电路实验箱。

2.7.5　实验内容及步骤

1. 示波器一般功能的检查

（1）调节示波器控制旋钮的位置：

"亮度（INTENSITY）""聚集（FOCUS）""垂直移位（VERTICAL POSITION）"控制旋钮为居中位置；

"垂直方式（MODE）""触发源（TRIGGER SOURCE）"按钮选择为 CH1 位置；

"电压衰减（VOLTS/DIV）"控制旋钮为 0.1 V（X）；

"输入耦合方式（AC-GND-DC）"按钮选择为 DC 位置；

"扫描方式（SWEEP MODE）"按钮选择为自动（AUTO）位置；

"扫描速率（SEC/DIV）"控制旋钮为 0.5 ms 位置；

"微调（VARIABLE）"控制旋钮为顺时针旋足位置；

"触发耦合方式（COUPLING）"按钮选择为 AC 常态位置。

（2）接通电源，分别调节亮度和聚集旋钮，使光迹的亮度适中、清晰。

（3）用测量电缆线将本机校准信号（PROBE ADJUST）输入 CH1 通道插座。

（4）调节电平旋钮使波形稳定，分别调节垂直移位和水平移位，校准信号波形（参考 5.6 节"双通道示波器使用说明"）。

（5）再用测量电缆线将本机校准信号换接至 CH2 通道插座，重复（4）操作。

2. 信号幅值、周期和频率的测量

1）函数发生器

函数发生器在接通电源时，波形默认配置为一个频率为 1 kHz，幅度为 100 mV 峰-峰值的正弦波。例如将频率改为 2.5 MHz，具体步骤如下：

（1）信号的频率调节：调节"频率"分两步完成，第一步输入频率大小，第二步输入频率的单位。

操作：依次按"Menu、波形、参数、频率"，然后按参数软键，通过数字键盘输入所需频率数字，再按对应于所需单位的软键，选择所需单位。屏显如图 2.7.8（a）所示。

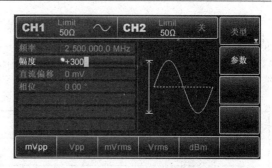

（a）频率调节　　　　　　　　　　　　　（b）幅度设置

图 2.7.8　信号频率及幅度屏显图

② 信号的幅度设置：设置"幅度"分两步完成，第一步输入幅度大小，第二步输入幅度的单位。

操作：依次按"Menu、波形、参数、幅度"，然后使用数字键盘输入所需幅度数字，再次按幅度软键可进行单位的快速切换。屏显如图 2.7.8（b）所示。

注意：多功能旋钮和方向键的配合也可进行此参数设置；如果按参数软键后没有在屏幕下方弹出单位标签，则需要再次按参数软键进行下一屏子标签显示。

2）观测波形

根据仪器设备的使用说明，按图 2.7.9 接线。用示波器观察函数发生器发出的正弦波，完成表 2.7.1 中示波器显示屏图形的调试及操作，并将操作结果记录于表 2.7.1 中。

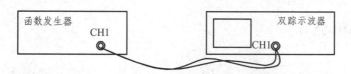

图 2.7.9　示波器观测函数发生器的输出波形

表 2.7.1　示波器显示图形调节表

示波器显示屏图形	产生问题的原因	调整过程
图形不清晰		
图形为一条水平直线		
图形不稳定		
⊘		
⊘		
⊘		

（3）根据表 2.7.2 中的函数发生器输出正弦信号的频率数据，用示波器测量其峰-峰电压值和周期值，并将测量数据记录在表 2.7.2 中。

注意：函数发生器输出的 3 种频率所对应的电压有效值，应调节成不同的电压输出值。

表 2.7.2　示波器测量函数发生器输出信号表

函数发生器输出值		示波器测量数据	
电压有效值	频　率	峰-峰电压	周　期
	0.5 kHz		
	1 kHz		
	1.5 kHz		

（4）实验测量数据经指导教师检查合格后，关闭仪器电源，拆线。将实验仪器、仪表整理放置好，将导线整理好。

2.7.6　实验报告

（1）说明示波器测试操作步骤、信号测量调试过程及注意事项。
（2）说明函数发生器输出信号的操作步骤、调节过程及使用方法。
（3）总结分析表 2.7.2 所示的问题，说明应如何调试、操作示波器才能得到较为理想的显示信号。
（4）记录实验体会。

2.8　交流电路参数的测量

2.8.1　实验目的

（1）学习使用电流表、电压表和功率表测定交流电路的参数。
（2）学习使用数字式电参数综合测量仪。
（3）学会使用并联试验电容判断电路的性质。
（4）掌握调压器和功率表的正确使用方法。
（5）领会电路参数改变对功率因数的影响。

2.8.2　实验原理

1. *R*、*L*、*C* 元件电量关系

电阻 *R*、电感 *L*、电容 *C* 各元件上的端电压、电流、功率之间的关系如表 2.8.1 所示。

表 2.8.1

时　　域		复　　数　　域		
电　路	电量关系式	电　路	相量关系式	相量图
$\begin{array}{c}+\\u\\-\end{array}\ \ i\ R$	$\begin{array}{l}u(t)=Ri(t)\\p(t)=u(t)i(t)\\P=UI\end{array}$	$\begin{array}{c}+\\\dot{U}\\-\end{array}\ \ I\ R$	$\begin{array}{l}\dot{U}=R\dot{I}\\P=UI\\R=\dfrac{\dot{U}}{\dot{I}}=\dfrac{U}{I}\end{array}$	$\dot{I}\quad\dot{U}$ 电流与电压 同相
$\begin{array}{c}+\\u_{\text{L}}\\-\end{array}\ \ i_{\text{L}}\ L$	$\begin{array}{l}u_{\text{L}}(t)=L\dfrac{\text{d}i_{\text{L}}}{\text{d}t}\\p(t)=u_{\text{L}}(t)i_{\text{L}}(t)\\Q_{\text{L}}=U_{\text{L}}I_{\text{L}}\end{array}$	$\begin{array}{c}+\\\dot{U}_{\text{L}}\\-\end{array}\ \ \dot{I}_{\text{L}}\ \text{j}\omega L$	$\begin{array}{l}\dot{U}_{\text{L}}=\text{j}\omega L\dot{I}_{\text{L}}\\P=UI=0\\X_{\text{L}}=\text{j}\omega L\end{array}$	$\dot{U}_{\text{L}}$ $\dot{I}_{\text{L}}$ 电流滞后 电压 90°
$\begin{array}{c}+\\u_{\text{C}}\\-\end{array}\ \ i_{\text{C}}\ C$	$\begin{array}{l}i_{\text{C}}(t)=C\dfrac{\text{d}u_{\text{C}}}{\text{d}t}\\p(t)=u_{\text{C}}(t)i_{\text{C}}(t)\\Q_{\text{C}}=U_{\text{C}}I_{\text{C}}\end{array}$	$\begin{array}{c}+\\\dot{U}_{\text{C}}\\-\end{array}\ \ \dot{I}_{\text{C}}\ \dfrac{1}{\text{j}\omega C}$	$\begin{array}{l}\dot{U}_{\text{C}}=\dfrac{1}{\text{j}\omega C}\dot{I}_{\text{C}}\\P=UI=0\\X_{\text{C}}=\dfrac{1}{\text{j}\omega C}\end{array}$	$\dot{I}_{\text{C}}$ $\dot{U}_{\text{C}}$ 电流超前 电压 90°

（1）电阻 R 表征的是：将消耗的电能转换成其他形式能量的物理特征。

（2）电感 L 表征的是：将电能转换成磁场能的形式储存起来的物理特征。

（3）电容 C 表征的是：将电能转换成电场能的形式储存起来的物理特征。

2. R、L、C 元器件参数的测量

（1）电阻 R 元件参数的测量。测量电压 U、电流 I 和功率 P 三个参数中任意两个参数，可得知电阻 R 元件的参数。

$$P=RI^2=\frac{U^2}{R}$$

$$R=\frac{U}{I}$$

（2）阻抗参数的测定。

交流电路的阻抗或无源二端网络的等效阻抗均可用图 2.8.1（a）（b）所示电路进行测定。

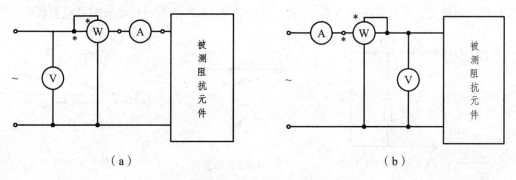

（a）　　　　　　　　　　　　　　　　（b）

图 2.8.1　三表法测量二端元件参数的电路

用电压表、电流表及功率表测得电压 U、电流 I 及功率 P，分析计算电路的等效参数有

$$|Z| = \frac{U}{I}, \quad \cos\varphi = \frac{P}{UI}$$

由上式可得功率因数角 φ，则被测阻抗元件的参数为

$$Z = |Z| \underline{/\varphi} = |Z|\cos\varphi \pm |Z|\sin\varphi = R \pm jX$$

注意：根据测量的电压、电流的有效值无法直接确定电抗的性质。因此，上式中电抗 X 可能是容性（$-jX$），也可能是感性（jX），所以电抗表示为 $\pm jX$。

3. 阻抗性质的判定

仅根据测得的电压 U、电流 I 及功率 P 的数值不能判定电路的电抗 X 是容性还是感性。设上述被测阻抗元件 Z 为电阻、电感、电容串联电路，则有

$$Z = |Z| \underline{/\varphi} = R + j(X_L - X_C)$$

上式表明：电抗 $X = X_L - X_C$ 的性质由感抗 X_L 与容抗 X_C 的大小之差决定。

对于一个性质未知的阻抗 Z 是感性还是容性的判断方法如下：用一只小的试验电容器 C'（满足 $X'_C < 2X$）与被测电路并联或串联的方法来进行测量与分析判断。

（1）串联试验电容器 C' 法。被测元件 Z 串联小电容 C' 后，电路的阻抗为

$$Z' = R + j(X_L - X_C - X'_C)$$

在阻抗 Z' 两端加与上次测量电压相同的电压 U，根据电路的广义欧姆定律分析如下：

① 如果阻抗 Z 呈感性，即 $X_L > X_C$，$X > 0$。当阻抗 Z 与小电容器 C' 串联，则 $X > (X - X'_C)$，$|Z'| < |Z|$，即阻抗模减小。

② 如果阻抗 Z 呈容性，即 $X_L < X_C$，$X < 0$。当阻抗 Z 与小电容器 C' 串联，则 $|X| < |X - X'_C|$，$|Z'| > |Z|$，即阻抗模增大。

所以，串联小电容器 C' 后，根据 $I' = \dfrac{U}{|Z'|}$ 可判断出：如果测量的电流小于上次测量电流 I，即 $I' < I$，则阻抗 Z 为容性；如果电流大于电流 I，即 $I' > I$，则阻抗 Z 为感性。

（2）并联试验电容器 C' 法。如图 2.8.2（a）所示，如果被测阻抗元件 Z 呈感性，则被测元件并联小电容器 C' 后，由相量图 2.8.2（b）分析可知测量电流将会减小；如果被测阻抗元件 Z 呈容性，则被测元件并联小电容器 C' 后，由相量图 2.8.2（c）分析可知测量电流将会增大。

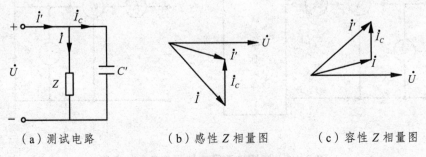

（a）测试电路　　　　（b）感性 Z 相量图　　　　（c）容性 Z 相量图

图 2.8.2　并联电容器 C' 法

4. 结果校正

在用三表法测量交流电路的参数时，由于测试仪表存在内阻，在图 2.8.1 所示的两个测量电路均明显存在误差。对于图 2.8.1（a）电路来说，显然电压表的读数偏高了，多出了电流表及功率表的电流线圈的电压降。所测结果应按下式予以校正，校正后的参数为

电阻　$R' = R - R_\mathrm{I} = \dfrac{P}{I^2} - R_\mathrm{I}$

电抗　$X' = X - X_\mathrm{W} = \sqrt{\left(\dfrac{U}{I}\right)^2 - \left(\dfrac{P}{I^2}\right)^2} - X_\mathrm{W}$

式中，R，X 为校正前用测量值计算出的电阻及电抗值；R_I 和 X_W 为电流表与功率表电流线圈的总电阻和总电抗值，各值可见实验用表的刻度盘。

对于图 2.8.1（b）电路来说，显然电流表的读数偏高了，多出了电压表及功率表的电压线圈所分取的电流。所以测量结果应按下式予以校正，校正后的各参数为

电阻　$R' = \dfrac{U^2}{P'} = \dfrac{U^2}{P - P_U} = \dfrac{U^2}{P - \dfrac{U^2(R_U - R_\mathrm{w})}{R_U R_\mathrm{w}}}$

电抗　$X' \approx X$

式中，P 为功率表所测得的功率，P_U 为电压表和功率表电压线圈所消耗的功率，P' 为校正后的功率值，R_U 为电压表的内阻，R_w 为功率表电压线圈的内阻。

2.8.3　预习内容

（1）预习功率测量仪的工作原理和正确测量方法等。

（2）预习交流电路分析计算方法和交流电路参数变化对电路交流量相位的影响。

（3）预习功率测量仪的电流接线端与电压接线端的连接方式。

（4）预习实验操作中的安注意事项，即注意人身安全。在实验操作中，切勿触及无绝缘的裸露部分，不得带电进行线路的连接与更改等操作。

（5）撰写实验预习报告。

2.8.4　实验仪表和设备

实验仪表和设备包括：万用表、交直流功率测量仪、台式数字多用表、电路实验箱。

2.8.5　实验内容与步骤

（1）测量电容 C。

① 用万用表测量电容 C 元件两端的电压是否为零伏，如果不为零，则用一个电阻 R 与

电容 C 串联构成回路，对电容 C 元件进行放电，直至电容 C 端电压为零伏。

②用万用表测量电容 C 值，并将测量的电容 C 参数记录于表 2.8.2 中。

注意：必须将电容 C 电压放电为零伏后，才能用万用表测量电容 C 元件的参数。

（2）按图 2.8.3（a）所示电路接线，打开电源，测量被测元件 Z 上的电压、电流和功率。测量数据记录于表 2.8.2 中。电参数测量完后，关闭电源。

（3）在图 2.8.3（a）中的被测元件 Z 上串联电容 C，如图 2.8.3（b）所示。打开电源，分别测量电压、电流和功率。测量数据记录于表 2.8.2 中。电参数测量完后，关闭电源。

（4）将图 2.8.3（b）中的电容 C 拆下，改为与被测元件 Z 并联，如图 2.8.3（c）所示。打开电源，分别测量电压、电流和功率。测量数据记录于表 2.8.2 中。电参数测量完后，关闭电源。

（5）实验测量数据经指导教师检查合格后，拆线。将实验仪器仪表、装置整理放置好，将导线整理好。

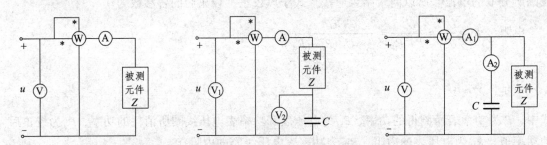

（a）元件 Z 的电参数测量图　（b）元件 Z 串联 C 的电参数测量图　（c）元件 Z 并联 C 的电参数测量图

图 2.8.3　实验电路测试原理图

表 2.8.2　电参数测量表

被测元件		测量值		
		U（　）	I（　）	P（　）
阻抗 Z				
Z 串联 C $C=$	Z'			
	C			—
Z 并联 C $C=$	Z''			
	C			—

2.8.6　实验报告

（1）根据测量表 2.8.2 数据，计算表 2.8.3 中各参数。并推理说明元件 Z、Z'、Z'' 呈什么性质（即阻性、感性、容性）？

表 2.8.3　实验电路中电参数测量及分析计算表

被测元件	计算值							
	$\cos\varphi$	$\|Z\|$ （　　）	R （　　）	X （　　）	$\|Y\|$ （　　）	G （　　）	B （　　）	L （　　）
阻抗 Z							—	—
阻抗 Z'							—	—
阻抗 Z''		—						—

（2）根据测量表 2.8.2 中电容上的端电压、电流测量数据，计算电容 C 的参数，并与万用表测量的电容值进行比较，分析其结果。

（3）记录实验体会。

2.9　功率因数的提高

2.9.1　实验目的

（1）了解功率因数提高的意义及方法。

（2）进一步学习和掌握功率测量方式方法。

（3）掌握安全操作技能。

2.9.2　实验原理

电路的功率因数由负载决定，当功率因数 $\lambda<1$ 时，电源与负载之间存在能量交换（无功功率），结果使电源设备的容量得不到充分利用，降低了供电设备的利用率，增加了供电传输线上的损耗。因此，在电力系统中，功率因数是一项非常重要的技术指标，供电方对用户方的要求是功率因数越大越好。

实际中负载一般为感性（如电动机、日光灯等），所以常用与感性负载并联电容器的方法来提高功率因数，即利用电容支路无功电流与感性支路的无功电流互相补偿的方法，感性负载中的无功能量和并联电容器中的无功能量进行交换，以此降低电网损耗。

注意，功率因数的提高是在不影响负载的工作状态的前提下实现的。

1. 提高功率因数的意义

功率因数 $\cos\varphi$ 等于有功功率 P 和视在功率 S 的比值，即 $\cos\varphi = P/UI$。该式表明，当负载两端的电压 U 和消耗的有功功率不变时，如果功率因数 $\cos\varphi$ 从 0.5 提高到 1，电流 I 就减小一倍，则视在功率 S 减小一半，线路的损耗也相应减小，这样就提高了电设备和电能的利用效率。

2. 提高功率因数电路的分析计算

提高功率因数的原理电路如图 2.9.1（a）所示，当已知感性负载电路端电压有效值 U、有功功率 P 和功率因数 $\lambda_1 = \cos\varphi_1$ 时，欲使电路的功率因数从 λ_1 提高到 $\lambda_2 = \cos\varphi_2$，则感性负载端需并联的电容 C 为

$$C = \frac{P}{\omega U^2}(\tan\varphi_1 - \tan\varphi_2)$$

设图 2.9.1（a）中电压 u 为参考相量，即 $\dot{U} = U\angle 0°$，则感性负载电流 $\dot{I}_L$ 滞后电压 u 相位 φ_1，电容电流 $\dot{I}_C$ 超前电压 u 相位 $90°$，通过作平行四边形 $(\dot{I}_L + \dot{I}_C)$ 得滞后电压 u 相位 φ_2 的总电流 $\dot{I}$，其电压、电流的相量关系如图 2.9.1（b）所示。

根据图 2.9.1（b）可知，功率因数提高也是以流过电容器中的容性电流补偿负载中的感性电流的办法来实现的。

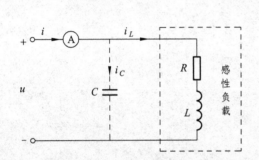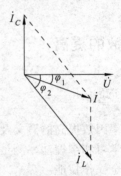

（a）感性负载并联电容的功率因数提高电路图　　（b）相量图分析功率提高图（a）电压、电流的关系

图 2.9.1　功率因数提高原理分析图

3. 功率因数提高实验电路

实验原理：实验电路如图 2.9.1（a）所示，当改变并联电容 C 的大小时，关注电流表的变化。当电流表的读数最小时，实验电路达到最优补偿状态，电路呈电阻性，功率因数为 1；此时如果减小电容 C，电流表的读数会增大，整个并联电路呈感性，电路存在无功功率，即无功电流倒流入电网，功率因数减小；如果增大电容，电流表的读数同样会增大，整个并联电路呈容性，同样出现无功电流倒流入电网，功率因数减小。

2.9.3　预习内容

（1）预习功率因数的定义和提高感性电路功率因数的原理。
（2）预习功率补偿前、后的无功功率变化情况。
（3）预习实验内容、步骤和注意事项。
（4）预习功率测量仪测量视在功率 S 的操作方法。
（5）撰写实验预习报告。

2.9.4　实验仪表和设备

实验仪表和设备包括：万用表、交直流功率测量仪、台式数字多用表、电路实验箱。

2.9.5　实验内容及步骤

（1）按实验原理图 2.9.2 接好电路，开关 K 合至"2"位，打开电源。当电路进入稳定工作状态后，测量 $C=0$ 时电路的电压 U、电流 I、有功率 P、视在功率 S、无功功率 Q 和功率因数 $\cos\varphi$，并将测量各电量记录于表 2.9.1 中，关闭电源。

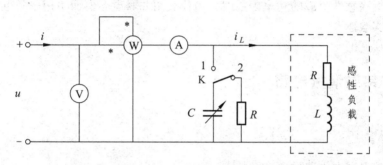

图 2.9.2　感性负载的功率因数提高实验电路图

（2）调节电容 $C=1\mu F$，开关 K 合至"1"位，打开电源。测量 U、I、P、S、Q 和 $\cos\varphi$ 的数据，并记录于表 2.9.1 中，关闭电源，再将开关 K 合至"2"位。

（3）重复实验步骤（2）的操作，调节电容 C 使之分别为 2 μF、3 μF、4 μF、5 μF、6 μF、7 μF、8 μF，测量各个 U、I、P、S、Q 和 $\cos\varphi$ 数据，并记录于表 2.9.1 中。

注意：每次改变电容值的大小时，必须先将开关 K 合至"2"位，即电容 C 通过电阻 R 构成回路放电，当电容 C 放完电后，再改变电容 C 值，以保证实验操作安全。

表 2.9.1　功率因数提高实验数据表

C（μF）	U（V）	I（　）	P（　）	S（　）	Q（　）	$\cos\varphi$
0						
1						
2						
3						
4						
5						
6						
7						
8						
?						最大值

（4）实验测量数据经指导教师检查合格后，拆线。将实验仪器仪表、装置整理放置好，将导线整理好。

2.9.6　实验报告

（1）根据表 2.9.1 记录的实验数据，试分析电流 I、有功率 P、视在功率 S、无功功率 Q 和功率因数 $\cos\varphi$ 等参数与电容 C 之间的变化关系。

（2）用坐标纸画出 $\cos\varphi = f(C)$ 的曲线，在同一坐标纸上画出总电流 i 随电容 C 变化的曲线，即 $i = f(C)$ 曲线。

（3）讨论提高感性负载的功率因数时，为什么用并联电容器而不用串联电容器的方法？

（4）记录实验体会。

2.10　RLC 串联谐振电路

2.10.1　实验目的

（1）了解串联谐振电路的原理及特点。

（2）掌握应用示波器观测串联谐振电路频率特性的方法。

2.10.2　实验原理

对任意一个电路，总可找到一个角频率 ω_0 使电路的等效阻抗 Z（或电路的等效导纳 Y）的虚部为零。这个角频率 ω_0 是电路本身所具有的角频率，其大小是由电路的结构和参数决定的。当外加信号源角频率 $\omega = \omega_0$ 时，电路出现 $X(\omega_0) = 0$ 或 $B(\omega_0) = 0$［$X(\omega_0)$、$B(\omega_0)$ 为虚部］，端口上的电压与电流同相，工程上将电路的这种状况称为谐振，其角频率 ω_0 称为谐振角频率（又称电路的固有角频率）。

角频率 $\omega = 2\pi f$ 中的 f 为频率。电路的频率性质反映了电路对于不同频率的输入，其正弦稳态响应的性质。当外加正弦交流电压的频率变化时，电路中的感抗、容抗、电抗及功率因数都随之改变，因而使电路中的电压、电流等各物理量也随着频率而变化。这种用曲线来描述物理量随频率变化的特性曲线称为频率特性曲线。频率特性曲线一般分为幅频特性曲线和相频特性曲线。

RLC 串联谐振电路如图 2.10.1 所示。

1. 谐振条件（$X = 0$）

设 $u_S = U_m \sin(\omega t + \varphi_u)$，则图 2.10.1 有

$$Z = R + j\left(\omega L - \frac{1}{\omega C}\right) = R + jX$$

设 $X = 0$，得谐振频率 f_0 为

$$\omega_0 L - \frac{1}{\omega_0 C} = 0$$

$$\omega_0 = \frac{1}{\sqrt{LC}}$$

$$f_0 = \frac{1}{2\pi\sqrt{LC}}$$

由此可见，谐振角频率 ω_0 取决于电路参数电感 L、电容 C 的大小，随着电源频率的变化，电路呈现出不同的性质。即

（1）当电源角频率 $\omega > \omega_0$ 时，电路呈感抗性。

（2）当 $\omega < \omega_0$ 时，电路呈容抗性。

（3）当 $\omega = \omega_0$ 时，电路呈电阻性，电路发生谐振，如图 2.10.2 所示。

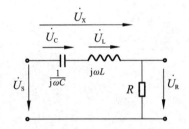

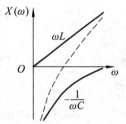

图 2.10.1　RLC 串联谐振电路图　　　　图 2.10.2　电抗随角频率变化的特性曲线

2. 谐振特点

（1）阻抗最小，电流 I 和电阻电压 U_R 最大，电流 i 与电压 u_S 同相。

$$\begin{cases} Z = R + j\left(\omega L - \frac{1}{\omega C}\right) = R \\ U_R = U_S \\ \cos\varphi = 1 \\ \dot{U}_L + \dot{U}_C = 0 \end{cases}$$

（2）电感（或电容）端电压是外加电源电压的 Q 倍（Q 为品质因数）。

$$Q = \frac{U_L}{U_S} = \frac{U_C}{U_S} = \frac{\omega_0 L}{R} = \frac{1}{R}\sqrt{\frac{L}{C}}$$

（3）谐振时电感与电容之间周期性地进行磁场与电场的能量交换。

$$Q_L = \omega_0 L I^2$$

$$Q_C = -\frac{1}{\omega_0 C} I^2$$

$$Q_L + Q_C = 0$$

（4）R 的大小不影响谐振角频率 ω_0，但有控制和调节谐振时 I 和 U_S 的作用。

$$I = \frac{U_S}{R}$$

3. *RLC* 串联谐振电路的频率特性

频率特性为

$$H(j\omega) = \frac{\dot{U}_R}{\dot{U}_S} = \frac{R}{R + j\left(\omega L - \dfrac{1}{\omega C}\right)} = H(\omega) \underline{/\varphi(\omega)}$$

其中，$H(\omega)$ 为幅频特性。

$$H(\omega) = \frac{R}{\sqrt{R^2 + \left(\omega L - \dfrac{1}{\omega C}\right)^2}}$$

$\varphi(\omega)$ 为相频特性。

$$\varphi(\omega) = -\arctan \frac{\omega L - \dfrac{1}{\omega C}}{R}$$

当 $f \to 0$ 时，$H(\omega) \approx 0$，$\varphi(\omega) \approx 90°$，低频信号电压受到抑制。

当 $f \to \infty$ 时，$H(\omega) \approx 0$，$\varphi(\omega) \approx -90°$，高频信号电压受到抑制。

当 $f = \dfrac{1}{2\pi\sqrt{LC}} = f_0$ 时，$H(\omega) = 1$，$\varphi(\omega) = 0°$，$u_R = u_S$，输出电压最大，即输出电压等于输入电压。f_0 称为谐振频率。

RLC 串联谐振电路的幅频特性值为 $H(\omega) = \dfrac{1}{\sqrt{2}}$ 时，对应的两个频率 f_L、f_H 称为截止频率，f_L 为下限截止频率，f_H 为上限截止频率。f_L 与 f_H 之间的频带宽度 Δf 称为通频带。通频带越窄，电路的选频性能越好。

2.10.3　预习内容

（1）预习实验原理、内容、步骤及注意事项；了解频率特性及串联谐振的频率特性。

（2）掌握函数发生器的输出信号的调试方法；掌握用双踪示波器观测两个信号间相位差的操作方法及数据的采集方法。

（3）撰写实验预习报告。

2.10.4　实验仪表和设备

实验仪表和设备包括：万用表、示波器、台式数字多用表、晶体管毫伏表、交直流功率测量仪、函数发生器、电路实验箱。

2.10.5　实验内容及任务

1. 谐振频率 f_0、下限截止频率 f_L、上限截止频率 f_H 的测量

（1）选择仪器、仪表、电阻、电容、电感等实验设备的参数，并将元件参数记录于表 2.10.1 中；函数发生器调试为正弦电压信号从 CH1 输出，待用。

（2）按图 2.10.3 所示电路接线。即函数发生器的输出 CH1 接电路的 $u_S(t)$ 端；示波器的信号测试输入端 CH1 接电路的 $u_S(t)$ 端［观测 $u_S(t)$ 信号］，CH2 接电路的 $u_R(t)$ 端［观测 $u_R(t)$ 信号］。

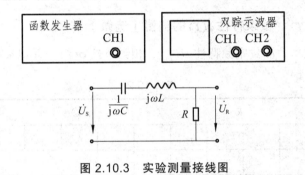

图 2.10.3　实验测量接线图

注意：

① 示波器、函数发生器、晶体管毫伏表等的接地端，要连接在一起。

② 函数发生器的信号输出端不能短路。

（3）f_0、f_L、f_H 频率的测量。

① 用晶体管毫伏表测量。

调节函数发生器输出信号的频率，当晶体管毫伏表测量电阻 R 端电压 $u_R(t)$ 值为最大时，函数发生器输出的频率为谐振频率 f_{01}。同时测量频率为 f_{01} 时所对应各电压 U_R、U_S、U_X、U_L、U_C（如图 2.10.1 所示），并将测量数据记录于表 2.10.1 中。

② 计算 f_0、f_L、f_H。

根据已知 R、L、C 参数计算谐振频率 f_0、下限截止频率 f_L、上限截止频率 f_H 的值。计算数据记录于表 2.10.1 中。

注意：截止频率 f_L、f_H 发生时，电压比值 $U_R/U_S = 0.707$。

③ 示波器测量。

调节函数发生器输出信号的频率，用示波器观测这三个频率值（即 f_0、f_L、f_H），同时用电表测量所对应的各电压值，并将测量数据记入表 2.10.1 中。

注意：

（a）表 2.10.1 中 f_{02} 为用示波器测量的谐振频率。

（b）谐振 f_{02} 发生时输入电压 $u_S(t)$ 与输出电压 $u_R(t)$ 相位上同相。

表 2.10.1

测量值	$R=$ ，$L=$ ，$C=$				
	f/Hz	f_{01}	f_{02}	f_L	f_H
	U_R/V				
	U_S/V				
	U_X/V				
	U_L/V				
	U_C/V				
计算值	频率				

2. 幅频特性 $H(f)$、相频特性 $\varphi(f)$ 的测量（选做）

调节输入信号频率，测量幅频特性 $H(f)$、相频特性 $\varphi(f)$，并记录在表 2.10.2 中。

表 2.10.2

	$R=$ ，$L=$ ，$C=$							
测量值	f/Hz		f_L		f_0		f_H	
	U_R/V							
	U_S/V							
	波形周期 T 格							
	相位差 n 格							
计算值	幅频特性 $H(f)$							
	相频特性 $\varphi(f)$							

3. 实验结束后操作

实验测量数据经指导教师检查合格后，拆线。将实验仪器仪表、装置整理放置好，将导线整理好。

2.10.6　实验报告

（1）根据表 2.10.1 中的测量数据，说明 RLC 串联谐振电路的特点，并画出相量图。

（2）试分析讨论 R、L、C 参数的改变对截止频率（f_L、f_H）和谐振频率 f_0 有何影响。

（3）选做内容：

① 根据表 2.10.2 中的测量数据，说明 RLC 串联电路的选频特性。并讨论分析电路参数的大小与电路的选频特性好坏有什么关系。

② 根据表 2.10.2 中的数据，在坐标纸上画出 RLC 串联谐振电路的幅频特性曲线和相频特性曲线；标明截止频率（f_L、f_H）和谐振频率 f_0。计算电路的品质因数 Q 和通频带。

（4）记录实验体会。

2.11 三相交流星形电路

2.11.1 实验目的

（1）掌握三相三线制和三相四线制电源的构成；了解三相四线制中线在供电中的作用。
（2）掌握对称三相负载的线电压与相电压、线电流与相电流的关系及测量方法。
（3）了解安全用电常识。

2.11.2 实验原理

在低压供电系统中，常采用对称三相交流电源对各种负载供电的方式。因此，负载与三相电源之间的正确连接是确保负载正常工作的首要条件。

1. 三相电源特点

对称三相交流电源具有以下特点：三相交流电源的各项电压幅值 U_m 大小相等，频率 f 相同，相位上相差 120°，如图 2.11.1 所示。

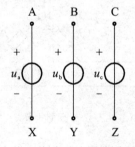

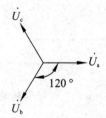

（a）三相交流电源电路图　　　　　　　（b）三相交流电源相量图

图 2.11.1 三相交流电源

$$u_a = \sqrt{2}U_p \sin \omega t$$
$$u_b = \sqrt{2}U_p \sin(\omega t - 120°)$$
$$u_c = \sqrt{2}U_p \sin(\omega t + 120°)$$

式中，U_p 表示相电压有效值。

电源供电方式常常有三相三线制、三相四线制，根据负载额定电压大小及三相负载是否相同等情况决定采用不同的连接方式。

2．三相四线制与三相三线制对称电路

1）三相四线制电路

三相四线制三相交流电路如图 2.11.2（a）所示，其线电流等于对应的相电流，即电流 i_A、i_B、i_C 的计算式为

$$i_A = \frac{u_a}{R_A}\,; \qquad i_B = \frac{u_b}{R_B}\,; \qquad i_C = \frac{u_c}{R_C}$$

其中相电压为

$$\dot{U}_a = U_P\angle 0°\,; \qquad \dot{U}_b = U_P\angle -120°\,; \qquad \dot{U}_c = U_P\angle 120°$$

则线电压与相电压关系为

$$\dot{U}_{AB} = \sqrt{3}\dot{U}_a\angle 30°\,; \qquad \dot{U}_{BC} = \sqrt{3}\dot{U}_b\angle 30°\,; \qquad \dot{U}_{CA} = \sqrt{3}\dot{U}_c\angle 30°$$

可见，三相四线制电路负载上的端电压（即相电压）不随负载大小的变化而改变。

2）三相三线制电路

三相三线制三相交流电路如图 2.11.2（b）所示，其负载上的端电压（即相电压）将随负载大小的变化而改变。所以，此电路一般要求负载为对称负载，即 $R_A = R_B = R_C = R_Y$。

在对称负载条件下，线电流、线电压和相电压关系式与三相四线制电路相同。

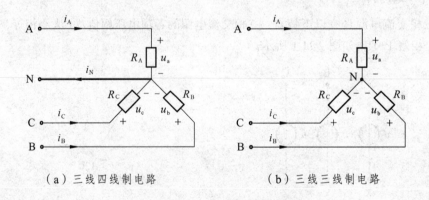

（a）三线四线制电路　　　　　　　　　（b）三线三线制电路

图 2.11.2　三相交流星形连接电路图

2.11.3　预习内容

（1）预习三相三线制与三相四线制星形连接的电路特点。

（2）预习实验内容、步骤、电量测量方法及安全注意事项。

（3）预习电路实验箱中的三相电阻模块电路，如图 2.11.3 所示。三组由开关控制的并联电阻电路，分别为三相实验的三相负载电阻 R_A、R_B、R_C。

（4）撰写实验预习报告。

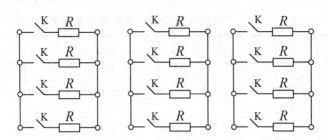

图 2.11.3　三相电阻模块电路

2.11.4　实验仪表和设备

实验仪表和设备包括：三相调压器、万用表、台式数字多用表、电路实验箱。

2.11.5　实验内容及步骤

1. 三相四线制电路系统的测量

（1）将三相变压器调零，打开三相变压器电源，缓慢调节三相调压器，并用万用表测量三相调压器的输出电压为 20 V，然后关闭三相调压器的电源，待用。

（2）按图 2.11.4 接线，其中，A、B、C、N 端与对应的三相调压器输出端连接；每一相闭合三个电阻开关 K，即三个电阻并联为一相负载；再将中线 N 上的开关 K 闭合，构成三相四线制对称三相电路。

（3）检查电路连接无误后，打开三相调压器的电源开关，开始按表 2.11.1 测量对称电路线电流、线电压、相电压和中线电流等数据，并记录于表 2.11.1 中。

注意：图 2.11.4 中接有按钮开关 SB，将电流测量表并接于开关 SB 两端，按下开关 SB，则可得到电流的测量数据，A 相电流测量连接方式如图 2.11.4 所示。

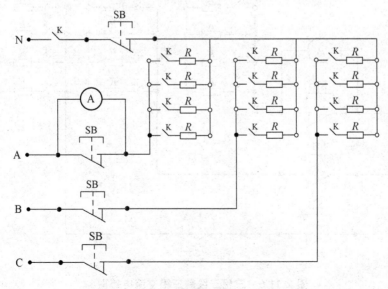

图 2.11.4　三相四线制三相交流电路图

表 2.11.1   三相四线制三相交流电路测量数据表

测量项目	线电流/A			中线电流/A	线电压/V			相电压/V		
	A	N	C	N	AB	BC	CA	AN	BN	CN
对称电路										
不对称电路										

（4）将 A 负载打开一个电阻开关 K（A 相负载为二个电阻并联），即构成三相四制不对称电路。继续测量不对称电路的线电流、线电压、相电压和中线电流等数据， 并记录于表 2.11.1 中。

2. 三相三线制电路系统的测量

（1）将图 2.11.4 中 A 相开关 K 接为三个电阻并联电路，再将中线 N 上的开关打开，构成三相三线制对称电路，如图 2.11.5 所示。

（2）按表 2.11.2 测量对称电路线电流、线电压、相电压等数据， 并记录于表 2.11.2 中。

（3）将 A 相负载打开一个电阻开关 K（A 相负载为二个电阻并联），即构成三相三线制不对称电路。然后测量不对称电路的线电流、线电压、相电压等数据， 并记录于表 2.11.2 中。

3. 实验结束后操作

实验测量数据经指导教师检查合格后，拆线。将实验仪器仪表、装置和导线整理放置好。

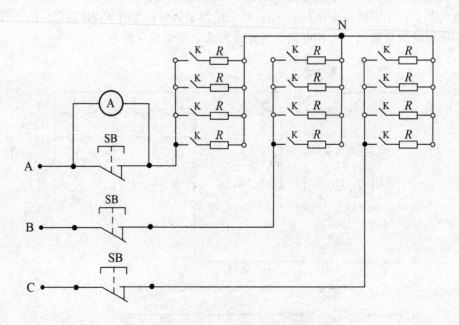

图 2.11.5   三相三线制三相交流电路图

表 2.11.2　三相三线制三相交流电路测量数据表

测量项目	线电流/A			线电压/V			相电压/V		
	A	B	C	AB	BC	CA	AN	BN	CN
对称电路									
不对称电路									

2.11.6　实验报告

（1）用实验测量数据说明三相电路中线电压与相电压、线电流与相电流间的关系。
（2）说明三相四线制电路的中线作用。
（3）记录实验体会。

2.12　一阶电路的时域响应

2.12.1　实验目的

（1）掌握用示波器观测一阶 RC、RL 电路的响应和测定时间常数的方法。
（2）进一步了解储能元件的特性及在电路中的作用。

2.12.2　实验原理

1. 矩形脉冲信号的响应

矩形脉冲信号在电子技术领域（特别是数字电子技术领域）中应用很广。本实验利用矩形脉冲信号的阶跃变化特性，模拟一阶电路中的信号电源和开关功能，在电路中发生零输入响应、零状态响应和完全响应。利用示波器可直接观测储能元件的动态过程，并测量相应的参数值。

例如，RC 一阶时域电路如图 2.12.1 所示，当矩形脉冲信号 u_S 加在电压 u_C 初始值为零的 RC 电路上时，用示波器可观测到电容元件 C 上连续充、放电的 u_C 动态过程。通过调节输入矩形脉冲信号 u_S 的脉冲宽度 t_p[见图 2.12.2（a）]，可分别观测到电路 u_C 的零输入响应、零状态响应和完全响应[见图 2.12.2（b）]。

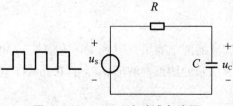

图 2.12.1　RC 一阶时域电路图

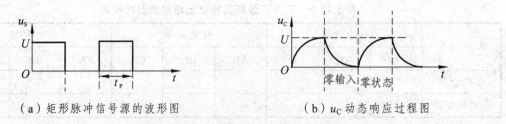

（a）矩形脉冲信号源的波形图　　　　　（b）u_C 动态响应过程图

图 2.12.2　矩形脉冲信号 u_S 激励下的 u_C 响应

零输入响应：当输入信号 u_S 为零时，由电容上的电压[初始状态值 $u_C(0_+)$]在电路中所产生的响应。

零状态响应：当电容上的电压[初始状态值 $u_C(0_+)$]为零时，由信号电源在电路中所产生的响应。

完全响应：零输入响应与零状态响应的代数和。

一阶电路实验中，在实验元件 R、C 参数不变的条件下，若想清晰地通过示波器观测到这三种响应，可通过调节矩形脉冲信号源的脉冲宽度 t_p 来实现。当 $t_p \geq 5\tau$（τ 是电路的时间常数）时，可观测到零状态响应与零输入响应交替过程的波形，如图 2.12.2（b）所示；当 $t_p < 5\tau$ 时，观测到的波形为全响应。

2. 时间常数 τ 的测量

时间常数的测量有多种方法，这里主要介绍一种用示波器测量时间常数 τ 的方法。测量原理可通过零输入响应或零状态响应的方程式推导出来。

电路图 2.12.1 的零输入响应为

$$u_C(t) = U\mathrm{e}^{-\frac{t}{\tau}} \qquad (\ t_1 \leq t \leq t_2\ )$$

当 $t = \tau$ 时

$$u_C(\tau) = 0.368U$$

零状态响应为

$$u_C(t) = (1 - \mathrm{e}^{-\frac{t}{\tau}})U \qquad (\ t_2 \leq t \leq t_3\ )$$

当 $t = \tau$ 时

$$u_C(\tau) = 0.632U$$

也就是说，用双踪示波器的两个通道同时观测输入信号 u_S 和输出信号 u_C，调节示波器，使观测波形重叠成图 2.12.3 所示的图形。波形 u_C 上的 $0.368U$（或 $0.632U$）点所对应的时间，就是要测量的时间常数 τ。

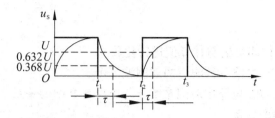

图 2.12.3 时间常数测量原理波形图

2.12.3 预习内容

（1）了解各项实验内容及电路原理，明确实验目的。

（2）根据实验要求，拟制观测 RC 电路的仪器测量接线图。

（3）根据实验要求，拟制观测 RL 电路的仪器测量接线图，如图 2.12.4 所示；写出测量 RL 电路时间常数 τ 测量原理及方式方法。定性地分析并画出矩形脉冲信号下 RL 电路的 u_R 响应波形图。

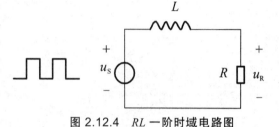

图 2.12.4 RL 一阶时域电路图

（4）掌握示波器测试的方式方法。

（5）掌握函数发生器输出信号的频率、幅值的调节方法。

（6）撰写实验预习报告。

2.12.4 实验仪表和设备

实验仪表和设备包括：函数发生器、万用表、示波器、台式数字多用表、电路实验箱。

2.12.5 实验内容及任务

1. RC 电路的测试

（1）调试好测试仪器，待用。

注意：在观察波形之前先将示波器两条基线重合，并调至屏幕中的适当位置。

（2）选定 R、C 参数，按预习时拟制的测试实验接线图接线。

（3）观测电路的零输入响应、零状态响应和完全响应波形图，用示波器测量电路的时间常数 τ。如果改变电路参数，示波器观测到的时间常数 τ 如何变化？电路过渡过程的响应时间向着什么趋势变化？

2. RL 电路的测试

RL 电路的测试过程及要求和 RC 电路的相同，即观测波形和测量时间常数 τ。

2.12.6　实验报告

（1）对时间常数 τ 的测量值与计算值进行比较。

（2）在坐标纸上绘出电路各种响应的观测波形图。

（3）分别分析 RC、RL 电路中时间常数 τ 与电路参数间的关系、时间常数 τ 的大小与电路的过渡过程响应时间的关系。

（4）记录实验体会。

第 3 章　电机控制实验与实训

3.1　三相异步电动机的点动控制

3.1.1　实验目的

（1）理解三相异步电动机铭牌数据的意义。

（2）掌握用万用表测试触发器各触点功能及判断常开触点、常闭触点的方法。

（3）掌握常用继电器、接触器、按钮和自动空气开关等控制电器的线路连接。

（4）掌握三相异步电动机点动控制电路的接线、操作及故障判断与排除。

（5）掌握安全用电知识。

3.1.2　实验原理

1. 铭牌数据

三相异步电动机铭牌上标明了电动机的额定数据和技术指标要求，这些内容是正确使用和检查、维修三相异步电动机的主要依据。

实验中主要关注额定电压、额定电流等技术指标，须特别注意三相异步电动机的启动电流，一般三相异步电动机的启动电流较高，为额定电流的 4 ~ 7 倍。

额定电压：指定子绕组按铭牌上规定的接法连接时，正常工作要求的电源额定线电压。如铭牌数据标出额定电压为 220 V/380 V、接法 △/Y，表示三相异步电动机定子绕组 △ 连接时，接入电压为 220 V；而三相异步电动机定子绕组 Y 连接时，接入电压 为 380 V。

注意：错误的接线会使电动机过热或烧坏绕组线圈。

额定电流：三相异步电动机在额定电压、额定频率、额定负载运行下定子绕组的线电流。额定电流是三相异步电动机的最大安全运行电流。

2. 点动控制原理

点动控制常用于吊车、机床立柱、横梁的位置移位，刀架，刀具的调整等。其点动控制电路如图 3.1.1 所示，工作过程为：

闭合开关 Q，主电路接触器常开触点 KM 处于断开状态，电动机没有加电（即电动机没启动）→按下按钮开关 SB，控制电路接触器 KM 接通电源→主电路接触器常开触点 KM 闭合，电动机启动→松开按钮开关 SB→控制电路接触器 KM 断电→电动机停止运转。

即按下按钮开关 SB→电动机启动；松开按钮开关 SB→电动机停止运转。这个控制过程称为点动控制。

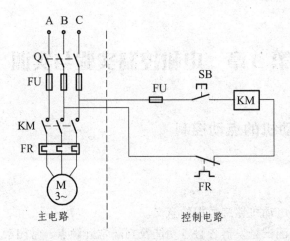

图 3.1.1　三相异步电动机点动控制原理图

注释：

（1）熔断器 FU 主要起短路保护作用，保护用电设备及电源免于因电路短路而引起损坏。

（2）热继电器 KH 主要起过载保护作用，保护电动机免于因长期过载运行而引起损坏。

（3）接触器 KM 主要起零压（又称欠压）保护作用。当电源突然断电或电压严重下降时，控制电路接触器电磁线圈自动断电，导致电动机自动停机。当电源恢复正常时，电动机不会自动启动，避免事故的发生。

3.1.3　预习内容

（1）预习三相异步电动机的结构、工作原理及铭牌数据。

（2）了解控制器件、实验控制板的结构及工作原理。

（3）预习用万用表测试触发器的各触点和判断触点功能的方法。

（4）预习实验内容、步骤、注意事项和实验目的。

（5）撰写实验预习报告。

3.1.4　实验仪表和设备

实验仪表和设备包括：三相变压器、万用表、三相异步电动机、电机控制实验箱。

3.1.5　实验内容及任务

（1）将三相调压器输出电压调到 0 V，待用。

（2）在接触器综合控制实验箱（见图 3.1.2）上找出接触器、热继电器、按钮开关、熔断器等器件，根据器件结构原理，找到相对应的接线柱。

图 3.1.2　接触器综合控制实验箱

（3）用万用表判断各器件的常开、常闭等功能触点；用万用表检测实验导线的好坏。

注意：必须在断开电源条件下，用万用表的电阻测量挡位进行测试操作。

（4）按图 3.1.1 接线，即先接主电路，再接控制电路。在检查连接线路无误后，缓慢调节调压器，关注电动机和电路器件工作是否正常，其调压器输出电压是否小于等于电动机的额定电压。

注意：

① 不能将调压器的输出端短接。

② 调压器输出电压不能大于电动机的额定电压。

③ 按钮开关 SB 的常闭与常开是连动的，线路连接时注意控制电路图中的要求。

④ 因实验电压较高，注意人身安全。

（5）闭合开关 Q，按下按钮开关 SB，电动机启动；松开按钮开关 SB，电动机停止运转。

注意：检查控制电路和主电路线路时，千万不可带电操作。

（6）电动机运转正常，通知教师确认合格后，切断电源，将三相调压器输出电压调至 0 V，再拆除实验线路。将实验仪器仪表、装置及导线整理放置好。

3.1.6　实验报告

（1）总结实验中故障产生的原因及检查、排除故障的方法。

（2）说明万用表在实验中的作用及使用方法。

（3）总结实验操作注意事项。

（4）记录实验体会。

3.2　三相异步电动机的长动控制

3.2.1　实验目的

（1）掌握常用继电器、接触器、按钮开关等控制电器的应用和器件的检测。

（2）掌握三相异步电动机长动控制电路的接线、操作及故障判断与排除。

3.2.2　实验原理

三相异步电动机的启动、停止、正反转、制动、调速等控制，常采用继电器、接触器、按钮和自动空气开关等控制电器实现。无论多么复杂的控制线路，都是由基本控制线路组成的。

三相异步电动机的启动、停止控制主要运用的器件有继电器、接触器、按钮开关和熔断器等，控制原理如图 3.2.1 所示，由主电路和控制电路两部分组成。主电路的主要任务是给电动机提供电能；控制电路的主要任务是按一定逻辑规律控制主电路。

图 3.2.1 所示电路为电动机工作过程。

1. 电动机启动

闭合开关 Q，此时由于主电路接触器常开触点 KM 处于断开状态，电动机没有加电（即电动机没启动）→按下按钮开关 SB_2，控制电路接触器电磁线圈系统 KM 接通电源→主电路接触器常开触点 KM 闭合，电动机启动→控制电路中的常开触点 KM 闭合，这时松开控制电路按钮开关 SB_2 后，电动机仍转动（即称为电动机长动）。

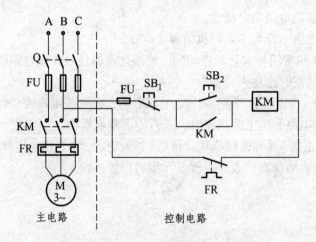

图 3.2.1　三相异步电动机长动控制原理图

2. 电动机停止

按下按钮开关 SB_1，切断控制电路电磁系统 KM 电源，主电路和控制电路中的常开触点 KM 断开，电动机停止转动。

3.2.3　预习内容

（1）预习控制器件结构及工作原理。
（2）预习实验内容、操作步骤、安全注意事项。
（3）撰写实验预习报告。

3.2.4　实验仪表和设备

实验仪表和设备包括：三相变压器、万用表、三相异步电动机、电机控制实验箱。

3.2.5　实验内容及任务

（1）将三相调压器输出电压调到 0 V，待用。
（2）按图 3.2.1 接线，在检查连接线路无误后，缓慢调节调压器，关注电动机和电路器件工作是否正常。
注意：
① 不能将调压器的输出端短接；特别注意正确连接控制线路。
② 调压器输出电压不能大于电动机的额定电压。
③ 因实验电压较高，注意人身安全。
（3）启动电动机。闭合开关 Q，按下按钮开关 SB2，电动机启动。
注意：实验中若出现故障或更改实验线路，一定要先切断电源，将三相调压器输出电压调至 0 V，再检查控制线路和主电路，千万不可带电操作。
（4）电动机运转正常，通知教师确认合格后，操作按钮开关 SB₁ 停止电动机运转，切断电源，将三相调压器输出电压调至 0 V。
（5）实验过程经指导教师检查后，一定要先切断电源，再拆除实验线路。将实验仪器仪表、装置及导线整理放置好。

3.2.6　实验报告

（1）总结实验接线过程及注意事项。
（2）说明操作中故障产生的原因及检查、排除故障的方法。
（3）记录实验体会。

3.3　三相异步电动机的点动与长动控制

3.3.1　实验目的

（1）掌握电动机点动与长动的综合控制电路的原理。

（2）提高电动机控制线路的安全操作、故障判断及处理能力。

3.3.2　实验原理

　　本实验项目综合了点动控制图 3.1.1 和长动控制图 3.2.1 的功能，既有点动控制功能，又有长动控制功能。其控制线路如图 3.3.1 所示。

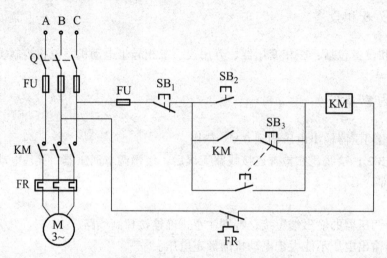

图 3.3.1　点动与长动控制线路

1．点动控制

　　闭合开关 Q，电动机并没有启动→按下按钮开关 SB$_3$，常开开关 SB$_3$ 闭合→控制电路系统接触器 KM 接通电源→主电路中的接触器常开触点 KM 闭合→电动机转动。松开按钮开关 SB$_3$，常开开关 SB$_3$ 断开→接触器 KM 断电，电动机停止运转。

2．长动控制

　　闭合开关 Q，电动机并没有启动→按下按钮开关 SB$_2$→接触器 KM 接通电源→主、控电路的接触器常开触点 KM 闭合→电动机进入长动工作状态。

　　按下按钮开关 SB$_1$→切断接触器 KM 电源→主、控电路的接触器常开触点 KM 断开→电动机停止动转。

3.3.3　预习内容

　　（1）预习常开、常闭按钮开关连动的工作原理。
　　（2）预习实验线路的控制原理、内容、操作步骤和安全注意事项。
　　（3）撰写实验预习报告。

3.3.4　实验仪表和设备

实验仪表和设备包括：三相变压器、万用表、三相异步电动机、电机控制实验箱。

3.3.5　实验内容及任务

（1）将三相调压器输出电压调到 0 V，待用。

（2）按图 3.3.1 接线，在检查连接线路无误后，缓慢调节调压器，关注电动机和电路器件工作是否正常。

注意：

① 不能将调压器的输出端短接；特别注意正确连接控制线路。

② 调压器输出电压不能大于电动机的额定电压。

③ 按钮开关 SB_3 的常闭开关、常开开关不要接错了。

④ 因实验电压较高，注意人身安全。

（3）点动控制。

闭合开关 Q，按下按钮开关 SB_3，电动机启动；松开按钮开关 SB_3，电动机停止运转。

注意：实验中若出现故障或更改实验线路，一定要先切断电源开关 Q，并将三相调压器输出电压调至 0 V，再检查线路，千万不可带电操作。

（4）长动控制。

按下按钮开关 SB_2，电动机启动；松开按钮开关 SB_2，电动机继续运转。当按下按钮开关 SB_1 后，电动机停止运转。

（5）点动与长动控制操作正常，通知教师确认合格后。切断电源，将三相调压器输出电压调至 0 V。拆除实验线路，将实验仪器仪表、装置及导线整理放置好。

注意：拆线或更改线路，一定要切断电源，不能带电操作。

3.3.6　实验报告

（1）论述点动工作状态与长动工作状态能否直接切换。即长动工作状态下，直接进入点动的工作状态可否？为什么？

（2）写出接线过程，故障产生的原因及检查、排除故障的方法。

（3）说明万用表在实验中的作用及测试方法。

（4）安全操作注意事项。

（5）记录实验体会。

3.4　三相异步电动机的正反转控制

3.4.1　实验目的

（1）了解交流接触器、按钮开关、热继电器在电动机控制电路中的作用。

（2）了解三相异步电动机正反转工作原理及技术指标。

（3）掌握三相异步电动机正反转控制电路的工程实践的过程、方法及故障的判断与排除。

（4）学会用万用表检查各控制器件和控制电路的方法，提高分析和排除故障的技能。

3.4.2　实验原理

1. 三相异步电动机正反转工作原理

当三相异步电动机的三相定子绕组中通过三相对称正弦交流电流时，产生旋转磁场，如图 3.4.1 所示。转子切割旋转磁场，在转子绕组中感应出电流，此感应电流与旋转磁场相互作用，产生使转子转动起来的电磁转矩，电动机转子沿旋转磁场方向转动，如图 3.4.2 所示。

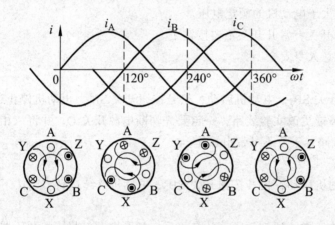

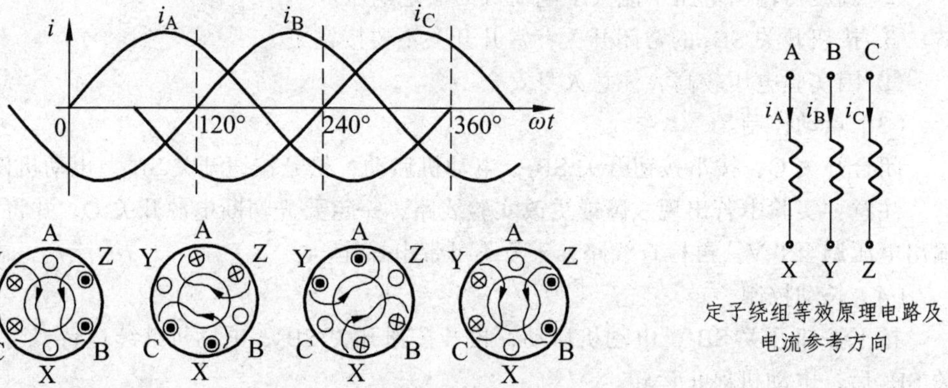

定子绕组等效原理电路及
电流参考方向

图 3.4.1　三相异步电动机旋转磁场的产生

旋转磁场转动的方向由三相对称交流电源的相序决定（图 3.4.1 中，三相电源的相序 A—B—C 与三相异步电动机的相序 A—B—C 相同，旋转磁场方向为顺时针）。当三相异步电动机接线端中任意两相接线端对调后再接上三相对称交流电源，在定子绕组中，所产生的旋转磁场方向与接线端对调前（若顺时针旋转）的磁场旋转方向相反（则为逆时针旋转），从而改变了三相异步电动机的转动方向。

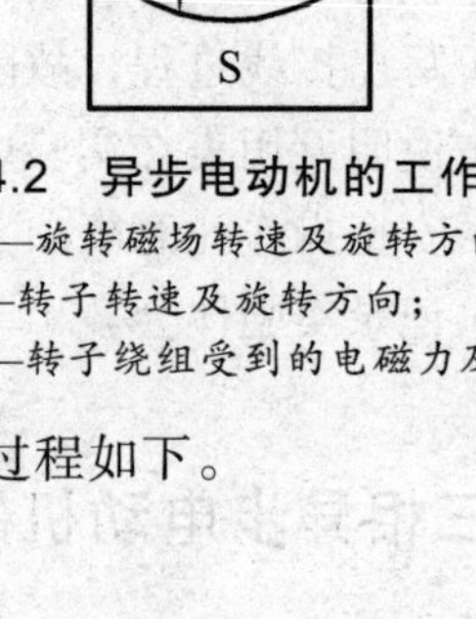

图 3.4.2　异步电动机的工作原理

n_0—旋转磁场转速及旋转方向；

n—转子转速及旋转方向；

F—转子绕组受到的电磁力及方向

2. 正反转控制

利用继电器、接触器、按钮开关等器件控制三相异步电动机，实现电动机的正反转控制，如图 3.4.3 所示，其工作过程如下。

1）正转控制

闭合开关 Q，此时电动机没有启动→按下按钮开关 SB_2，控制电路系统接触器 $\boxed{KM_1}$ 接通电源→常开触点 KM_1 闭合，常闭触点 KM_1 断开（切断 $\boxed{KM_2}$ 电磁系统的接通电源），电动机启动正转；按下 SB_1 切断接触器 $\boxed{KM_1}$ 电源，常开触点 KM_1 断开，常闭触点 KM_1 闭合，电动机停止正转。

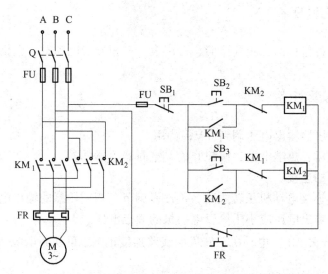

图 3.4.3　三相异步电动机正反转控制原理电路图

2）反转控制

按下按钮开关 SB_3，接触器 $\boxed{KM_2}$ 接通电源→常开触点 KM_2 闭合，常闭触点 KM_2 断开（切断 $\boxed{KM_1}$ 电磁系统的接通电源），电动机启动反转；按下 SB_1 切断接触器 $\boxed{KM_2}$ 电源，常开触点 KM_2 断开，常闭触点 KM_2 闭合，电动机停止反转。

热继电器主要由发热元件、感受元件和触点组成。发热元件接在主电路中，触点接在控制电路中。当电动机长期过载时，主电路中的发热元件通过感受元件控制触点的"开"或"合"，从而控制电动机的工作状态。

3. 故障分析方法

（1）若三相异步电动机接通电源后，接触器动作，而电动机不转，说明主电路有故障；若电动机伴有嗡嗡声，则可能有一相电源断开。切断电源，检查主电路的熔断器、主触点接触情况、热继电器是否正常，导线有无断线，三相电源是否对称等。

（2）控制电路接通电源后，若接触器不动作，说明控制电路有故障。检查控制电路的熔断器、热继电器复位按钮、停止按钮、接触导线等。

3.4.3　预习内容

（1）了解三相异步电动机正反转的工作原理及铭牌数据。

（2）了解控制器件的结构及工作原理。

（3）预习实验控制板的结构及实际器件与实验原理图的对应关系。

（4）预习实验内容，操作步骤及安全注意事项。

（5）撰写实验预习报告。

3.4.4　实验仪表和设备

实验仪表和设备包括：三相变压器、万用表、三相异步电动机、电机控制实验箱。

3.4.5　实验内容及任务

（1）将三相调压器输出电压调到 0 V，待用。

（2）确认接触器、热继电器、按钮开关、熔断器等器件。

（3）正转线路的连接。

① 按图 3.4.4 连接电动机正转线路，再慢慢调节三相调压器的输出电压，观察电动机运行情况，调压器的输出电压应小于等于电动机的额定电压。

② 按下按钮开关 SB_2，电动机正转说明线路连接正确，可切断电源，将三相调压器输出电压调至 0 V。

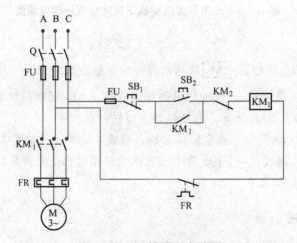

图 3.4.4　正转控制电路图

注意：

（a）不能将调压器的输出端短接。

（b）调压器输出电压不能大于电动机的额定电压。

（c）因实验电压较高，注意安全操作。

（4）反转线路的接入与调试。

① 按图 3.4.5 所示反转线路连接，其反转控制电路与正转控制电路"并联"，主电路接触器 KM_2 的 A、C 相对调连接。

② 缓慢调节三相调压器的输出电压，其输出电压应小于等于电动机的额定电压。

③ 按下按钮开关 SB_3，电动机反转说明线路连接正确；按下按钮开关 SB_1，电动机停止运转。

（5）请教师检查电动机正反转控制过程。

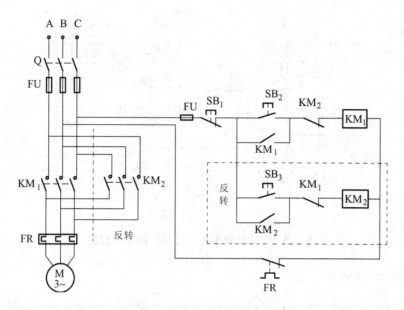

图 3.4.5　正反转控制电路图

（6）经指导教师检查合格后，切断电源，将三相调压器输出电压调至 0 V。拆除实验线路。将实验仪器仪表、装置及导线整理放置好。

注意：实验中拆线、更改线路之前，一定要切断电源，千万不可带电操作。

3.4.6　实验报告

（1）总结实验中故障产生的原因及检查、排除故障的方法。

（2）说明三相异步电动机正反转实验中应注意的问题。

（3）记录实验体会。

3.5　三相异步电动机的延时启动控制

3.5.1　实验目的

（1）掌握三相异步电动机延时控制电路的原理及实验操作、故障判断与排除。

（2）掌握三相异步电动机控制电路的操作过程及安全注意事项。

3.5.2　实验原理

本实验项目是在"三相异步电动机的启动、停止控制"基础上，增加了延时启动控制功能，如图 3.5.1 所示。工作过程如下。

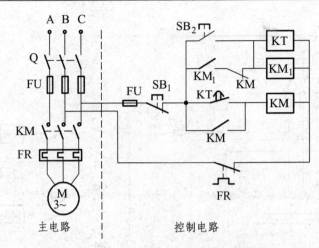

图 3.5.1　三相异步电动机延时控制原理图

1. 电动机延时启动

闭合开关 Q，此时电动机并没有启动→按下按钮开关 SB_2，控制电路系统接触器 $\boxed{KM_1}$ 和时间继电器 $\boxed{KT}$ 接通电源→接触器常开触点 KM_1 闭合，保持 $\boxed{KM_1}$ 和 $\boxed{KT}$ 与电源接通；经过一定延时后，控制电路中的常开延时闭合触点 KT 闭合→接触器 $\boxed{KM}$ 接通电源，使主电路和控制电路中接触器常开触点 KM 闭合、常闭触点 KM 断开→电动机转动。同时，因常闭触点 KM 的断开，切断了接触器 $\boxed{KM_1}$ 和时间继电器 $\boxed{KT}$ 与电源的连接→接触器常开触点 KM_1 和常开延时闭合触点 KT 断开。

2. 电动机停止

按下按钮开关 SB_1，切断整个控制电路电源，电磁系统 $\boxed{KM}$ 断电，主电路和控制电路中的常开触点 KM 断开，电动机停止转动。

3.3.3　预习内容

（1）预习时间继电器和接触器的工作原理。
（2）预习实验控制原理、内容、步骤和注意事项。
（3）撰写实验预习报告。

3.3.4　实验仪表和设备

实验仪表和设备包括：三相变压器、万用表、三相异步电动机、电机控制实验箱。

3.5.5　实验内容及任务

（1）将三相调压器输出电压调到 0 V，待用。

（2）找出实验控制板上各器件，即接触器、时间继电器、热继电器、按钮开关、熔断器等。

（3）按图 3.5.1 接线，在检查连接线路无误后，缓慢调节调压器，关注电动机和电路器件工作是否正常。

注意：

① 不能将调压器的输出端短接；特别注意正确连接控制线路。

② 调压器输出电压不能大于电动机的额定电压。

③ 因实验电压较高，注意人身安全。

（4）启动电动机。闭合开关 Q，按下按钮开关 SB_2，电动机延时启动。

注意：实验中若出现故障或更改实验线路，一定要先切断电源，将三相调压器输出电压调至 0 V，再检查控制线路和主电路，千万不可带电操作。

（5）电动机运转正常，按钮开关 SB_1 停止电动机运转。

（6）通知教师，再进行一次电动机的延时启动、停机操作，实验过程经指导教师检查合格后，切断电源，将三相调压器输出电压调至 0 V。拆除实验线路。将实验仪器仪表、装置及导线整理放置好。

注意：实验中拆线、更改线路之前，一定要切断电源，千万不可带电操作。

3.5.6　实验报告

（1）论述实验接线步骤及过程，总结实验中故障产生的原因及检查、排除故障的方法。

（2）说明万用表在实验中的作用及测试过程。

（3）安全操作注意事项。

（4）记录实验体会。

3.6　电动机 Y-△启动控制电路

3.6.1　实验目的

（1）了解并掌握接触器、热继电器、时间继电器、按钮等器件的结构及控制原理。

（2）掌握电动机 Y-△启动控制电路操作技能，提高综合实践水平。

（3）了解简单的工程实践设计、实施过程。

3.6.2　实验原理

三相异步电动机的启动性能包括启动电流、启动转矩、启动时间及绕组发热等。其中三相异步电动机的启动电流约为额定电流的 5～7 倍，所示，常采用降压启动（降低定子绕阻的输入电压），从而降低过高的启动电流。电动机 Y-△启动是常用的一种降压启动方法，如图 3.6.1 所示。

1. 三相异步电动机的 Y-△ 连接

（1）图 3.6.1（a）为星形连接。当开关 Q 闭合时，电动机的定子绕阻连接成星形，称为 Y 连接。

（2）图 3.6.1（b）为三角形连接。当开关 Q 闭合时，电动机的定子绕阻连接成三角形，称为 △ 连接。

（3）图 3.6.1（c）为星形-三角形连接。当开关 Q_1 闭合、Q_2 打开时，电动机的定子绕阻连接成 Y 接；当开关 Q_1 打开、Q_2 闭合时，电动机的定子绕阻连接成 △ 接，称为 Y-△ 连接。

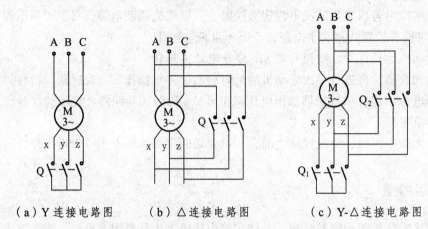

（a）Y 连接电路图　　　（b）△ 连接电路图　　　（c）Y-△ 连接电路图

图 3.6.1　电动机 Y、△ 和 Y-△ 连接电路图

2. Y-△ 启动的降压原理

电动机正常工作时，其定子绕阻连接成 △ 接，则在运行时可以采用 Y-△ 降压启动方式。

（1）电动机 △ 连接运行（直接启动）时，其线电压 = 对应的相电压，即设电网供电端的线电压为 U_1，每一相定子绕阻的阻抗为 Z，线电流为

$$I_{l\triangle} = \sqrt{3} I_{p\triangle} = \sqrt{3} \frac{U_1}{|Z|}$$

（2）电动机 Y 连接运行（降压启动）时，其线电流 = 对应的相电流，相电压 $U_{pY} = \dfrac{U_1}{\sqrt{3}}$，线电流为

$$I_{lY} = \frac{U_1}{\sqrt{3}|Z|}$$

（3）Y-△ 降压启动电流关系为

$$\frac{I_{lY}}{I_{l\triangle}} = \frac{\dfrac{U_1}{\sqrt{3}|Z|}}{\sqrt{3}\dfrac{U_1}{|Z|}} = \frac{1}{3}$$

即降压启动电流 I_{1Y} 是直接启动电流 $I_{1\triangle}$ 的 $\dfrac{1}{3}$。

3．Y-△启动控制原理

通过接触器、延时继电器、按钮开关等器件控制替换图 3.6.1（c）中的 Q_1、Q_2 开关，从而实现电动机的 Y-△启动控制，其控制电路如图 3.6.2 所示。工作过程如下。

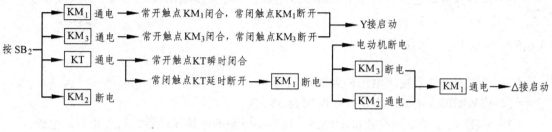

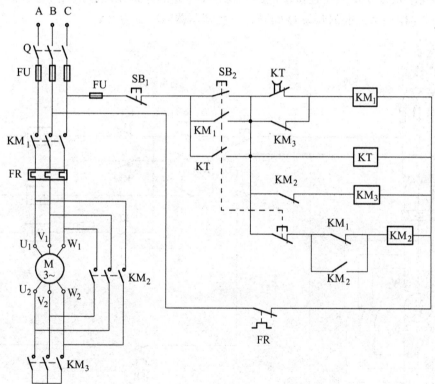

图 3.6.2　电动机的 Y-△启动控制线路

图 3.6.2 所示电路的特点是在接触器 KM_1 断电的情况下进行 Y-△转换，可以避免主电路中 Y 运转的常开触点 KM_3 与△运行的常开触点 KM_2 同时闭合而引起的电源短路。

3.6.3　预习内容

（1）预习三相异步电动机的结构及电动机的 Y-△启动控制原理。

（2）预习接触器、热继电器、时间继电器、按钮等控制器件的结构及控制原理。

（3）预习实验原理、内容、操作步骤及注意事项。

（4）撰写实验预习报告。

3.6.4　实验仪表和设备

实验仪表和设备包括：三相变压器、万用表、三相异步电动机、电机控制实验箱。

3.6.5　实验内容及任务

（1）将三相调压器输出电压调到 0 V，待用。

（2）设置时间继电器的自动转换时间为 35 s 左右。

（3）按图 3.6.3 所示线路连接主电路，检查主电路的连接无误后，再连接控制电路。

注意：操作中保持电源开关 Q 断开，三相调压器的电压为 0 V。

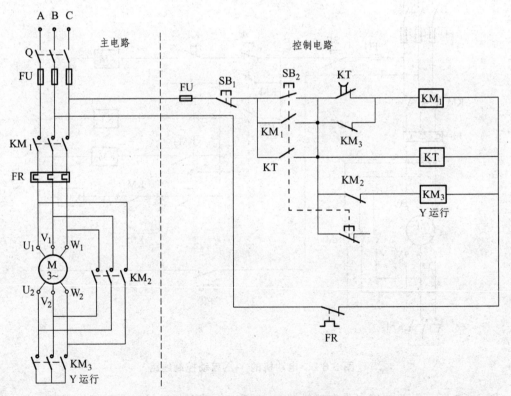

图 3.6.3　Y 接启动控制线路

① 闭合开关 Q，缓慢调节调压器电压小于等于 220 V，注意这时电动机并没有启动。

② 按下按钮开关 SB₂，电动机 Y 接启动约 35 s 后自动停止运转。注意观察接触器 KM₃ 和常开触点 KM₃ 的工作状态，并记录电动机停止运转后的工作状态。

注意：如有故障发生，必须切断电源后，再检查线路。

③ 如电动机控制电路工作正常，断开开关 Q，将三相调压器输出电压调到 0 V。

（4）按图 3.6.4 连接△接启动控制线路。在确认连接线路无误后，开始进行 Y-△启动操作。

① 闭合开关 Q，缓慢调节调压器电压小于等于 220 V。

② 按下按钮开关 SB₂，电动机 Y 接启动约 35 s 后开始转换为△接运转。注意观察各个接触器的工作全过程，关注△接运转时电动机的转速变化。

注意：如有故障发生，必须切断电源后，再检查线路。

③ 电动机进入正常工作运转后，按下按钮开关 SB₁，电动机停止运转。

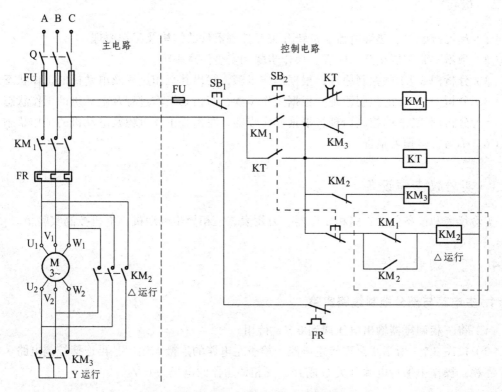

图 3.6.4　Y-△启动控制实验线路图

（5）Y-△启动控制过程经指导教师确认合格后，切断电源，将三相调压器输出电压调至 0 V。拆除实验线路。将实验仪器仪表、装置及导线整理放置好。

注意：应先切断电源，千万不可带电拆线等操作。

3.6.6　实验报告

（1）论述图 3.6.3 控制电路的工作过程。

（2）论述图 3.6.4 运行中，电动机转速变化的情况。

（3）论述为什么不允许 Y 接电路与△接电路同时工作，图 3.6.4 是如何实现避免 Y 接电路与△接电路同时工作的。

（4）写出实验体会和收获。

3.7　两台电动机联锁控制原理分析实验

3.7.1　实验目的

（1）掌握操作已知控制线路的方法。

（2）掌握用实验方式分析和验证电路功能的方法。

3.7.2　预习内容

（1）预习接触器、热继电器、按钮开关等控制器件的结构及工作原理。

（2）预习实验控制线路、内容、操作步骤和安全注意事项。

（3）分析图 3.7.1 的控制原理，根据操作步骤，写出其工作过程及电动机的工作状态。

（4）分析图 3.7.2 的控制原理，根据操作步骤，写出其工作过程及电动机的工作状态。

（5）分析图 3.7.3 的控制原理，根据操作步骤，写出其工作过程及电动机的工作状态。

（6）撰写实验预习报告。

3.7.3　实验仪表和设备

实验仪表和设备包括：三相变压器、万用表、三相异步电动机、电机控制实验箱。

3.7.4　实验内容及任务

1. 主电路与部分控制线路实验

（1）将三相调压器输出电压调到 0 V，待用。

（2）按图 3.7.1 所示线路连接主电路，检查主电路的连接无误后，再连接控制电路。

注意：操作中保持电源开关 Q 断开，三相调压器的电压为 0 V。

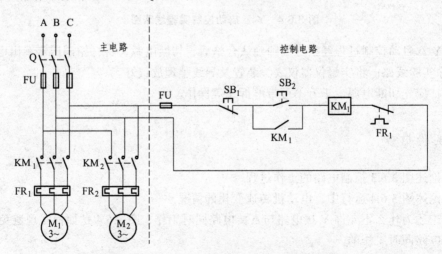

图 3.7.1　M_1、M_2 主电路与部分控制线路图

（3）闭合开关 Q，缓慢调节调压器电压小于等于 220 V，记录各器件及电动机的工作状态。

（4）按下按钮开关 SB_2，记录各器件及电动机的工作状态，并与预习报告的分析状态比较，如有不同，分析判断其原因，然后进行修正。

注意：如有故障发生或要修正线路，必须切断电源后，再检查线路。

（5）按下按钮开关 SB_1，记录各器件及电动机的工作状态，并与预习报告的分析状态比较。

（6）操作完后，断开开关 Q，将三相调压器输出电压调到 0 V。

2. 两台电动机独立控制线路实验

在图 3.7.1 的控制电路中连接"M_2 控制电路"，检查主电路的连接无误后，开始操作。如图 3.7.2 所示。

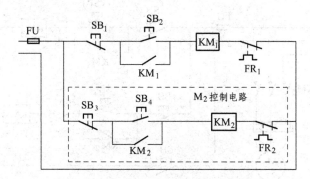

图 3.7.2　M_1、M_2 独立控制电路图

（1）闭合开关 Q，缓慢调节调压器电压小于等于 220 V。

（2）按下按钮开关 SB_2，注意观察线路工作状态与前面操作结果是否相同。

（3）按下按钮开关 SB_4，观察电动机 M_2 工作状态，并与预习报告的分析状态比较。

注意：如有故障发生或要修正线路，必须切断电源后，再检查线路。

（4）按下按钮开关 SB_1、SB_3，记录各器件及电动机的工作状态，并与预习报告的分析状态比较。

（5）操作完后，断开开关 Q，将三相调压器输出电压调到 0 V。

3. 两台电动机联锁控制线路实验

在图 3.7.2 的控制电路中增加一个常开触点 KM_1 和一个按钮开关 SB，如图 3.7.3 所示。开始操作。

（1）闭合开关 Q，缓慢调节调压器电压小于等于 220 V。

（2）按下按钮开关 SB_4，记录两个电动机 M_1、M_2 工作状态。

（3）按下按钮开关 SB_2，记录各触点和电动机的工作状态。

（4）按下按钮开关 SB_4，记录各触点和电动机的工作状态。

（5）按下按钮开关 SB_1，记录各触点和电动机的工作状态。

（6）按下按钮开关 SB_3，记录各触点和电动机的工作状态。

（7）按下按钮开关 SB_2→按下按钮开关 SB_4，记录两个电动机 M_1、M_2 工作状态；按下按钮开关 SB，再记录两个电动机 M_1、M_2 工作状态。

注意：如有故障发生或要修正线路，必须切断电源后，再检查线路。

4. 实验结束后操作

实验操作完成经指导教师确认合格后，切断电源，将三相调压器输出电压调至 0 V。拆除实验线路。将实验仪器仪表、装置及导线整理放置好。

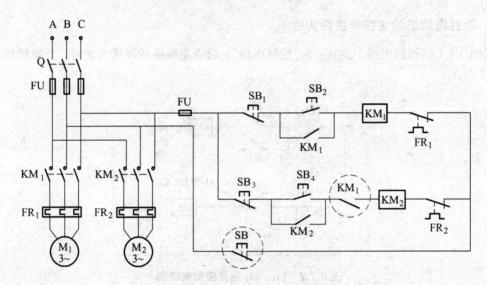

图 3.7.3　M_1、M_2 控制线路图

3.7.5　实验报告

（1）论述两台三相异步电动机（即 M_1、M_2）的控制线路图 3.7.3 的工作过程。

（2）分析控制线路工作过程，总结说明图 3.7.3 所示电路的控制功能。

（3）指出图 3.7.3 中哪些器件具有短路保护、零压（欠压）保护和过载保护。

（4）综合分析说明，为什么实验控制电路图 3.7.3 要分三步完成。

（5）记录实验体会。

3.8　两台电动机的延时联锁综合控制实验

3.8.1　实验目的

（1）掌握综合应用接触器、热继电器、延时继电器和按钮开关等控制电动机的方法。

（2）提高电工操作技能和故障处理能力。

（3）掌握安全操作守则。

3.8.2　实验原理

图 3.8.1 所示为两台三相异步电动机（即 M_1、M_2）的控制线路。接触器 $\boxed{KM_1}$ 控制电动机 M_1，接触器 $\boxed{KM_2}$ 控制电动机 M_2，时间继电器 $\boxed{KT}$ 控制电动机 M_2 的延时启动。当 M_1 启动后，经过 30 s 延时后 M_2 自动启动，M_2 启动后，M_1 立即停止运转；在 M_1 启动的 30 s 内可通过按钮开关 SB_1 停止运转；M_2 启动后可用按钮开关 SB_3 停止运转。工作过程如下：

按下按钮开关 SB2→接触器 $\boxed{KM_1}$ 通电→常开触点 KM_1 闭合→电动机 M_1 启动，同时，时间继电器 $\boxed{KT}$ 通电 30 s 后，常开触点 KT 闭合→接触器 $\boxed{KM_2}$ 通电→常开触点 KM_2 闭合，常闭触点 KM_2 断开→电动机 M_2 启动，M_1 停止运转，时间继电器 $\boxed{KT}$ 断电→常开延时闭合触点 KT 断开→按下按钮开关 SB_3，M_2 停止运转。

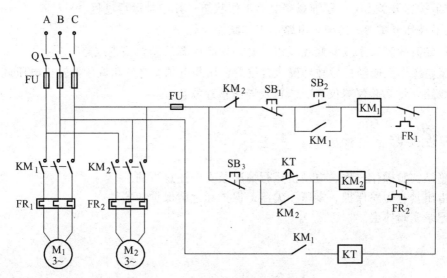

图 3.8.1　M_1、M_2 延时控制线路图

3.8.3　预习内容

（1）预习图 3.8.1 的工作原理及过程。
（2）预习实验内容、步骤及安全操作注意事项。
（3）撰写实验预习报告。

3.8.4　实验仪表和设备

实验仪表和设备包括：三相变压器、万用表、三相异步电动机、电机控制实验箱。

3.8.5　实验内容及任务

（1）将三相调压器输出电压调到 0 V；电源开关 Q 断开；调节**时间继电器** $\boxed{KT}$ **延时时间**

为 30 s，待用。

（2）按图 3.8.1 所示线路连接。其连接顺序：

① 连接主电路。

② 连接接触器 KM₁ 控制支路。

③ 在接触器 KM₁ 控制支路两端并联接触器 KM₂ 支路。

④ 控制电路中串联时间继电器 KT 、常开触点 KM1 等。

（3）检查控制电路的连接无误后，开始操作：

① 闭合开关 Q，缓慢调节三相调压器电压小于等于额定电压。

② 按下按钮开关 SB_2，仔细观察电路工作状态，在 30 s 内按下按钮开关 SB_1，并记录其操作结果。

③ 按下按钮开关 SB_2，仔细观察电路工作状态，并记录运行过程。

④ 按下按钮开关 SB_3，记录电路的工作状态。

注意：如有故障发生或要修正线路，必须切断电源后，再检查线路。

（4）实验操作完成经指导教师确认合格后，切断电源，将三相调压器输出电压调至 0 V。拆除实验线路。将实验仪器仪表、装置及导线整理放置好。

3.8.6　实验报告

（1）总结实验操作过程、电动机运行情况及安全注意事项。

（2）指出具有短路保护、零压（欠压）保护和过载保护的器件。

（3）记录实验体会。

第 4 章　基于 Multisim 的电路仿真

EDA 工具层出不穷，目前进入我国并具有广泛影响的 EDA 软件有 EWB、PSPICE、ORCAD、PCAD、PROTEL、MATLAB、VIEWLOGIC、MENTOR、GRAPHICS、SYNOPHICS、CADENCE 等，这些软件大部分都同时具备原理图设计、仿真和 PCB 制作功能。其中用于电子电路仿真的 EDA 软件主要有 PSPICE、EWB、MATLAB、SYSTEMVIEW、MMICAD 等。应用仿真软件参与设计，克服了传统的电子产品设计受实验室客观条件限制的局限性。用虚拟元件搭建各种电路、用虚拟仪表测试各种参数和性能指标，大大地提高了产品开发的效率。下面主要介绍 EWB 仿真软件。

4.1　Multisim 仿真软件

4.1.1　概　述

电子工作台（Electronics Workbench，EWB）是由加拿大 IIT（Interactive Image Technologies）公司在 20 世纪 90 年代初推出的专门用于电子电路设计与仿真的软件，又称为"虚拟电子工作台"，主要用于模拟和数字电路的仿真。从 EWB6.0 版本开始，将专用于电路仿真与设计的模块更名为 Multisim，意为"万能仿真"。相对其他的 EDA 软件来说，Multisim 还提供了万用表、示波器、信号发生器等多种虚拟仪器、仪表。

4.1.2　Multisim 的特点

与其他的电路仿真软件相比，EWB 具有以下特点。

1. 系统集成度高，界面直观，操作方便

Multisim 软件把电路图的创建、电路的测试分析和仿真结果等内容都集成到一个电路窗口。操作界面就像一个试验平台。创建电路所需的元器件、仿真电路所需的测试仪器均可以直接从电路窗口中选取，并且这些虚拟元器件、仪器、仪表与实物的外形几乎完全相同，仪器的操作开关、按键与实际仪器也极为相似。

2. 具备模拟、数字及模拟/数字混合电路的仿真

在电路窗口中既可以对模拟或者数字电路进行仿真，还可以对模拟数字混合电路进行仿真。

3. 提供了丰富的元件库

Multisim 的元件库提供数千种类型的元器件及各类元件的理想参数。用户甚至可以根据需要自行修改参数或者创建新的元件。

4. 电路分析手段完备

Multisim 除了提供常用的测试仪表对仿真电路进行测试外，还提供了电路的直流工作点分析、瞬态分析、傅立叶分析、噪声分析和失真分析等 18 种常用的分析方法。这些分析方法基本能够满足常用的电子电路的分析和设计要求。

5. 输出方式灵活

对电路进行仿真时，它可以储存测试点的数据、测试仪器的工作状态、显示波形以及电路元件的统计清单等内容，便于分析使用。

6. 兼容性好

Multisim 的元件库与 SPICE 的元件库完全兼容，电路文件可以直接输出到常见印制板设计软件中，如 Protel、OrCAD 等。

4.1.3　Multisim 的结构

Multisim 软件由五部分组成：输入模块、器件模型处理模块、分析模块、虚拟仪器模块、后续处理模块。各部分功能如下：

（1）输入模块：用户以图形方式输入电路图。

（2）器件模型处理模块：Multisim 软件提供了丰富的元件库，并且可以对元器件的属性进行编辑，还可以创建新的元件。

（3）分析模块：Multisim 软件共有近 20 种分析方法，分析方法比较丰富。除了具有 SPICE 的基本分析方法外，还有一些独有的分析方法，如零极点分析等。

（4）虚拟仪器模块：该模块是 Multisim 软件最有特色的部分。虚拟仪器种类多，使用操作方便。

（5）后续处理模块：该模块可以进行电路分析结果的后续处理，包括与多种软件的转换。其中分析模块和虚拟仪器构成了强大的分析与仿真功能。

下面主要以 Multisim 版本为例介绍其仿真功能。

4.2　Multisim 的基础知识

4.2.1　Multisim 的基本界面

1. 主界面

Multisim 主界面如图 4.2.1 所示。

Multisim 的用户界面主要由菜单栏（Menu Bar）、标准工具栏（Standard toolbar）、使用的元件列表（In Use list）、仿真开关（Simulation Switch）、图形注释工具栏（Graphic Annotation Toolbar）、项目栏（Project Bar）、元件工具栏（Component Toolbar）、虚拟工具栏（Virtual

Toolbar)、电路窗口（Circuit Windows）、仪表工具栏（Instruments Toolbar）、电路标签（Circuit Tab）、状态栏（Status Bar）和电路元件属性视窗（Spreadsheet View）等组成。

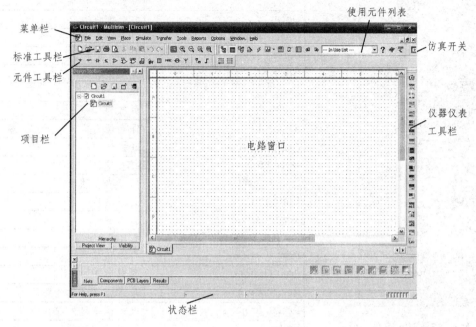

图 4.2.1　主界面

2. 菜单栏

与其他 Windows 应用程序相似，Multisim 软件的菜单栏提供了绝大多数的功能命令，如图 4.2.2 所示。

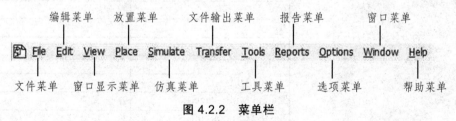

图 4.2.2　菜单栏

菜单栏共 11 个主菜单。菜单中有一些与大多数 Windows 平台上的应用软件一致的功能选项，如 File、Edit、View、Options、Help 等。此外，还有一些 EDA 软件专用的选项，如 Place、Simulate、Transfer 以及 Tools 等。下面对菜单栏逐项进行介绍。

1）File 菜单

File 菜单用于 Multisim 所创建电路文件的管理，如图 4.2.3 所示。其命令与 Windows 下的其他应用软件基本相同，如表 4.2.1 所示。

2）Edit 菜单

Edit 菜单如图 4.2.4 所示，主要对电路窗口中的电路或元件进行删除、复制或选择等操作，如表 4.2.2 所示。

图 4.2.3　File 菜单

表 4.2.1　File 菜单

命　令	功　能
New	建立新文件
Open	打开文件
Open Samples	打开实例
Close	关闭当前文件
Close All	关闭所有文件
Save	保存
Save As	另存为
Save All	保存所有文件
New Project	建立新项目
Open Project	打开项目
Save Project	保存当前项目
Close Project	关闭项目
Version Control	版本管理
Print	打印
Print Preview	打印预览
Print Options	打印操作
Recent Circuits	最近编辑过的电路
Recent Projects	最近编辑过的项目
Exit	退出 Multisim

表 4.2.2　Edit 菜单

命　令	功　能
Undo	撤销编辑
Redo	重做
Cut	剪切
Copy	复制
Paste	粘贴
Delete	删除
Select All	全选
Delete Multi-Page	删除多页
Paste as Subcircuit	作为子电路粘贴
Find	查找
Comment	注释
Graphic Annotation	绘图注释
Order	叠放顺序
Assign to Layer	指定层
Layer Settings	设置层
Title Block Position	标题模块位置
Orientation	方向调整
Edit Symbol/Title Block	编辑符号/标题模块
Font	字体
Properties	属性

图 4.2.4　Edit 菜单

3）View 菜单

View 菜单如图 4.2.5 所示，用于显示或隐藏电路窗口中的某些内容（如工具栏、栅格、纸张边界等），如表 4.2.3 所示。

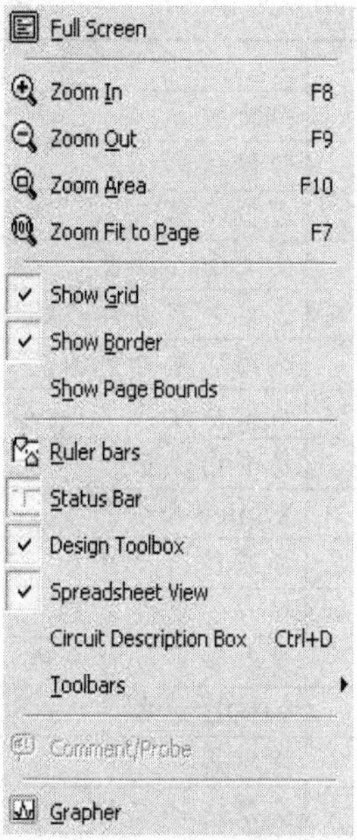

图 4.2.5　View 菜单

表 4.2.3　View 菜单

命　令	功　能
Full Screen	全屏
Zoom In	放大显示
Zoom Out	缩小显示
Zoom Area	按区域放大
Zoom Fit to Page	按页放大
Show Grid	显示栅格
Show Border	显示边框
Show Page Bounds	显示页边界
Ruler bars	标尺栏
Status Bar	显示状态栏
Design Toolbox	设计工具箱
Spreadsheet View	电子数据表
Circuit Description Box	电路设计窗口
Toolbars	显示工具栏
Comment/Probe	注释/探针
Grapher	绘图器

4）Place 菜单

Place 菜单如图 4.2.6 所示，用于在电路窗口中放置元件、节点、总线、文本或图形等，如表 4.2.4 所示。

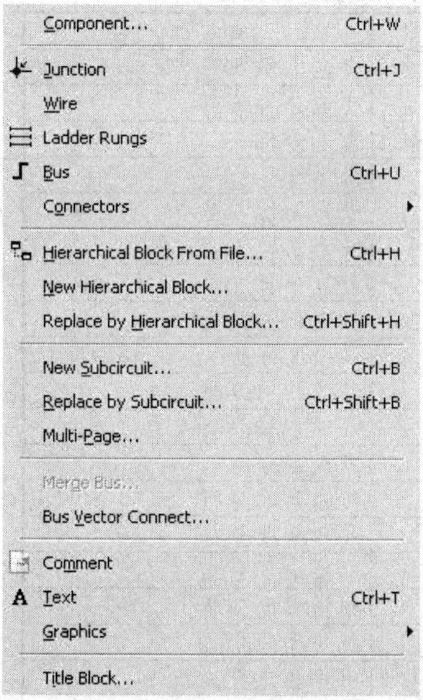

图 4.2.6　Place 菜单

表 4.2.4　Place 菜单

命　令	功　能
Component	元器件
Junction	连接点
Wire	导线
Ladder Rungs	梯形图
Bus	总线
Connectors	连接器
Hierarchical Block From File	文件层次模块
New Hierarchical Block	新层次模块
Replace By Hierarchical Block	层次模块替换
New Subcircuit	新子电路
Replace by Subcircuit	子电路替代
Multi-Page	多页
Merge Bus	合并总线
Bus Vector Connect	总线矢量连接
Comment	注释
Text	文字
Graphics	绘图工具
Title Block	标题模块

5）Simulate 菜单

Simulate 菜单如图 4.2.7 所示，主要用于仿真的设置与操作，如表 4.2.5 所示。

图 4.2.7　Simulate 菜单

表 4.2.5　Simulate 菜单

命　　令	功　　能
Run	执行仿真
Pause	暂停仿真
Instruments	虚拟仪器
Interactive Simulation Settings	交互仿真设置
Digital Simulation Settings	设定数字仿真参数
Analyses	选用各项分析功能
Postprocessor	启用后处理
Simulation Error Log/Audit Trail	仿真错误报告
XSpice Command Line Interface	XSpice 命令行
Load Simulation Settings	加载仿真设置
Save Simulation Settings	保存仿真设置
Auto Fault Option	自动设置故障选项
VHDL Simulation	VHDL 仿真
Probe Properties	探针属性
Reverse Probe Direction	交换探针方向
Clear Instrument Data	清除仪器数据
Global Component Tolerances	设置所有器件的误差

Multisim 提供了 18 种基本仿真分析方法。单击 Simulate 菜单，在下拉菜单中选择 Analyses 命令，将出现 18 种基本仿真分析法，各名称如图 4.2.8 所示，功能如表 4.2.6 所示。

图 4.2.8　Analyses 工具栏

表 4.2.6　Analyses 工具栏

命　　令	功　　能
DC Operating Point	直流工作点分析
AC Analysis	交流分析
Transient Analysis	暂态分析
Fourier Analysis	傅里叶分析
Noise Analysis	噪声分析
Noise Figure Analysis	噪声系数分析
Distortion Analysis	失真分析
DC Sweep	直流扫描分析
Sensitivity	灵敏度分析
Parameter Sweep	参数扫描分析
Temperature Sweep	温度扫描分析
Pole Zero	零极点分析
Transfer Function	传递函数分析
Worst Case	最坏情况分析
Monte Carlo	蒙特卡罗分析
Trace Width Analysis	扫描幅度分析
Batched Analysis	批处理分析
User Defined Analysis	用户自定义分析
Stop Analysis	停止分析
RF Analyses	射频分析

6）Transfer 菜单

Transfer 菜单如图 4.2.9 所示，用于将 Multisim 的电路文件或仿真结果输出到其他应用软件，详细功能如表 4.2.7 所示。

表 4.2.7　Transfer 菜单

命　令	功　能
Transfer to Ultiboard	将所设计的电路图转换为 Ultiboard 的文件格式
Transfer to other PCB Layout	将所设计的电路图转换为其他的电路板文件格式
Forward Annotate to Ultiboard	将修改标记到 Ultiboard
Backannotate from Ultiboard	Ultiboard 中的修改标记到正在编辑的电路中
Highlight Selection in Ultiboard	在 Ultiboard 高亮显示
Export Netlist	输出电路网表文件

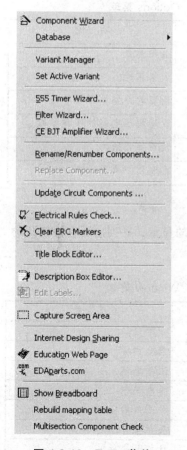

图 4.2.9　Transfer 菜单

7）Tools 菜单

Tools 菜单如图 4.2.10 所示，用于编辑或管理元件库或元件，功能如表 4.2.8 所示。

表 4.2.8　Tools 菜单

命　令	功　能
Component Wizard	元器件向导
Database	数据库
Variant Manager	变量管理器
Set Active Variant	设置活动变量
555 Timer Wizard	555 定时器向导
Filter Wizard	滤波器向导
CE BJT Amplifier Wizard	共射极放大器向导
Rename/Renumber Components	重命名元器件
Replace Component	置换元器件
Update Component	更新元器件
Electrical　Rules Check	电气规则检查
Clear ERC Markers	清除 ERC 标志
Title Block Editor	标题栏编辑器
Description Box Editor	说明工具箱编辑器
Edit Labels	编辑标签
Capture　Screen Area	抓屏区域
Internet Design Sharing	网络共享
Education Web Page	访问 EWB 网页
EDAparts. com	访问 EDAparts.com 网站
Show Breadboard	显示面包板
Rebuild mapping table	重建规划表
Multisection Component Check	多选元件检查

图 4.2.10　Tools 菜单

8）Reports 菜单

Reports 菜单如图 4.2.11 所示，用于产生当前电路的各种报告，功能如表 4.2.9 所示。

Bill of Materials

Component Detail Report

Netlist Report

Cross Reference Report

Schematic Statistics

Spare Gates Report

图 4.2.11　Reports 菜单

表 4.2.9　Reports 菜单

命　令	功　能
Bill of Materials	元件清单
Component Detail Report	元件详细报告
Netlist Report	网络表报告
Cross Reference Report	参考报告
Schematic Statistics	原理图统计表
Spare Gates Report	剩余门报告

9）Options 菜单

Options 菜单如图 4.2.12 所示，用于定制电路的界面和某些功能的设置，功能如表 4.2.10 所示。

Global Preferences...

Sheet Properties...

Global Restrictions...

Circuit Restrictions...

Simplified Version

Customize User Interface...

图 4.2.12　Options 菜单

表 4.2.10　Options 菜单

命　令	功　能
Global references	全局参数
Sheet Properties	表格属性
Global Restrictions	设定软件整体环境参数
Circuit Restrictions	设定编辑电路的环境参数
Simplified Version	设置简化版本
Customize User Interface	定制用户界面

10）Window 菜单

Window 菜单如图 4.2.13 所示，用于控制 Multisim 窗口的显示，并列出所有被打开的文件，功能如表 4.2.11 所示。

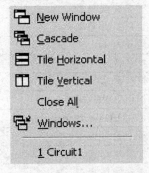

New Window

Cascade

Tile Horizontal

Tile Vertical

Close All

Windows...

1 Circuit1

图 4.2.13　Window 菜单

表 4.2.11　Window 菜单

命　令	功　能
New Window	新建窗口
Cascade	层叠式样
Tile Horizontal	水平平铺
Tile Vertical	垂直平铺
Close All	关闭所有窗口
Windows	显示窗口
1 circuit1	已打开文件

11）Help 菜单

Help 菜单如图 4.2.14 所示，为用户提供在线技术帮助和使用指导，功能如表 4.2.12 所示。

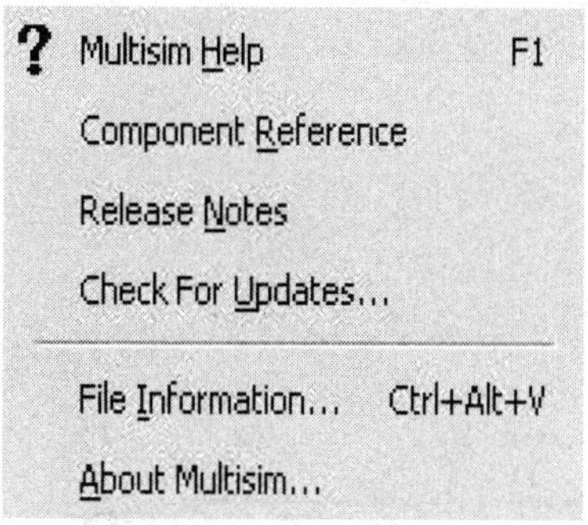

图 4.2.14 Help 菜单

?	Multisim Help	F1
	Component Reference	
	Release Notes	
	Check For Updates...	
	File Information...	Ctrl+Alt+V
	About Multisim...	

图 4.2.14 Help 菜单

表 4.2.12 Help 菜单

命　令	功　能
Multisim Help	Multisim 帮助文件
Component Reference	元件参数
Release Notes	Multisim 的发行申明
Check For Updates	升级检查
File Information	文件信息
About Multisim	Multisim 的版本说明

5.2.2 工具栏

Multisim 提供了多种工具栏，并以层次化的模式加以管理，用户可以通过 View 菜单中的选项方便地将顶层的工具栏打开或关闭，再通过顶层工具栏中的按钮来管理和控制下层的工具栏。通过工具栏，用户可以方便直接地使用软件的各项功能。

1. 标准工具栏

标准工具栏提供了 Multisim 的基本功能，如图 4.2.15 所示。标准工具栏包含了常见的文件操作和编辑操作。

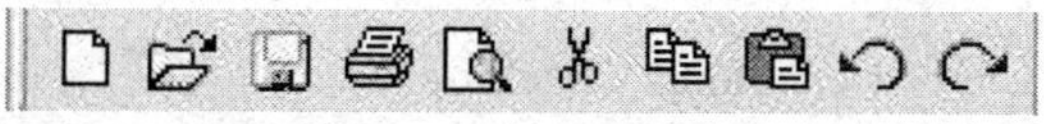

图 4.2.15 标准工具栏

图 4.2.15 标准工具栏

新建文件；　　　剪切；

打开；　　　　　复制；

保存；　　　　　粘贴；

打印；　　　　　撤销上一步；

预览；　　　　　不撤销。

2. 视图（View）工具栏

View 工具栏提供了视图选择功能，如图 4.2.16 所示。视图工具栏包含了放大、缩小、100%放大、全屏显示等功能。

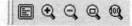

图 4.2.16 View 工具栏

全屏；

放大；

缩小；

调整到选定区域大小；

调整到适合页面大小。

3. 主要（Main）工具栏

Main 工具栏如图 4.2.17 所示。

图 4.2.17　Main 工具栏

层次项目按钮（Show or Hide the Design Toolbox）：用于显示或隐藏层次项目栏；

层次电子数据表按钮（Show or Hide the Spreadsheet Bar）：用于开关当前电路的电子数据表；

数据库按钮（Databasa Manager）：用于开启数据库管理对话框，以便对元件进行编辑；

元件编辑器按钮（Create Component）：用于调整、增加或创建新元件；

仿真（Run/Stop the Simulation）：开始或结束电路仿真，也可通过"F5"键实现该功能；

图形编辑器/分析按钮（Grapher/Analysis）：在出现的下拉菜单中可选择将要进行的分析方法；

后分析按钮（Postprocessor）：用于进行对仿真结果的进一步操作；

电气性能测试（Electrical Rules Checking）；

打开 Ultiboard Log File；

打开 Ultiboard 7 PCB；

帮助按钮，也可通过快捷键"F1"实现，其功能与 Help 菜单中的帮助相同；

--- In Use List --- 当前所使用的所有元件列表。

4. 元件（Components）工具栏

Multisim 把所有的元件分成 13 类库，再加上放置分层模块、总线。Components（元件）工具栏如图 4.2.18 所示。

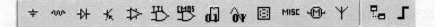

图 4.2.18　Components 工具栏

电源按钮（Source）;

基本元件按钮（Basic）;

二极管按钮（Diode）;

晶体管按钮（Transistor）;

模拟元件按钮（Analog）;

TTL 元件按钮（TTL）;

CMOS 元件按钮（CMOS）;

其他数字元件按钮（Miscellaneous Digital）;

模数混合元件按钮（Mixed）;

指示器按钮（Indicator）;

混合项元件库按钮（Miscellaneous）;

电机元件按钮（Electromechanical）;

射频元件按钮（RF）;

设置层次栏按钮（Place Hierarchical Block）;

放置总线按钮（Place Bus）。

单击每个元件库按钮都会显示出元件库界面，以电源按钮为例，打开电源元件库，如图 4.2.19 所示。

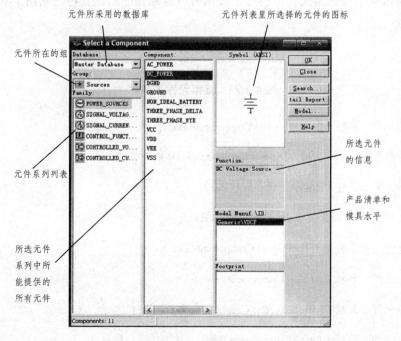

图 4.2.19　电源文件库

注意：在元件组界面中，主数据库（Master Database）是默认的数据库，如果希望从 Corporate Database 或者 User Database 中选择一个元件，必须单击数据库下拉菜单中的数据库，并选择一个元件。一旦数据库发生了改变，其后的元件放置都将保存为改变后的数据。

5. 仪器（Instrument）工具栏

Multisim 提供了 19 种仪表，仪表工具栏通常位于电路窗口的右边，也可以用鼠标将其拖至菜单的下方，Instrument（仪表）工具栏如图 4.2.20 所示。

图 4.2.20　Instrument 工具栏

仪表工具栏从左向右依次是数字万用表（Multimeter）、函数信号发生器（Function Generation）、瓦特表（Wattmeter）、双踪示波器（Oscilloscope）、4 通道示波器（4 Channel Oscilloscope）、波特图仪（Bode Plotter）、频率计数器（Frequency Counter）、字信号发生器（Word Generator）、逻辑分析仪（Logic Analyzer）、逻辑转换器（Logic Converter）、IV 分析仪（IV-Analysis）、失真分析仪（Distortion Analyzer）、频谱分析仪（Spectrum Analyzer）、网络分析仪（Network Analyzer）、安捷伦函数信号发生器（Agilent Function Generation）、安捷伦数字万用表（Agilent Multimeter）、安捷伦示波器（Agilent Oscilloscope）、泰克示波器（Tektronix Oscilloscope）和动态测量探针（Dynamic Measurement Probe）。

在本书 4.5 节"虚拟仿真仪器"中，会更加详细地介绍每一种仪器仪表。

6. 虚拟元件工具栏

为了仿真方便，Multisim 还提供了各种虚拟元件，虚拟元件工具栏如图 4.2.21 所示。虚拟元件工具栏由 8 个按钮组成，单击每个按钮可以打开相应的工具栏，利用工具栏可以放置各种虚拟元件。

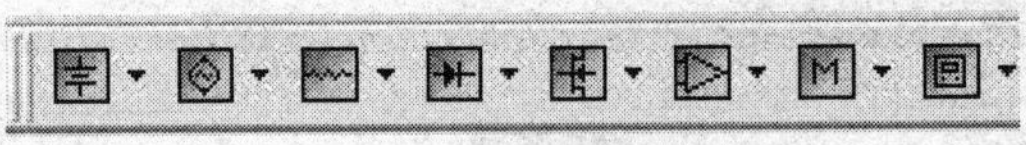

图 4.2.21　虚拟元件工具栏

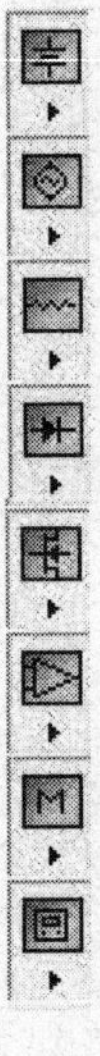

电源元件工具栏（Power Source Components Bar）；

信号源元件工具栏（Signal Source Components Bar）；

基本元件工具栏（Basic Components Bar）；

二极管元件工具栏（Diodes Components Bar）；

晶体管元件工具栏（Transistors Components Bar）；

模拟元件工具栏（Analog Components Bar）；

其他元件工具栏（Miscellaneous Components Bar）；

额定元件工具栏（Rated Components Bar）。

　　如果需要任意更改元件参数，可以选择虚拟器件。选择菜单 View/Toolbars/Virtual 即会弹出虚拟仪器工具栏。

7. 电源按钮（Power Source Components Bar）工具栏

电源按钮工具栏如图 4.2.22 所示。

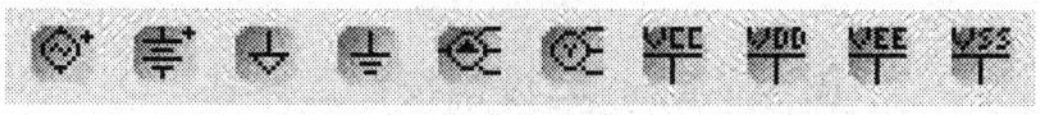

图 4.2.22　电源按钮工具栏

	交流电压电源；		3PH Y 接三相电源；
	直流电压电源（电池）；		模拟电压源；
	数字接地；		数字电压源；
	接地；		负电压源；
	3PH △ 接三相电源；		VSS 电压源。

8. 信号源按钮（Signal Source Components Bar）工具栏

信号源按钮工具栏如图 4.2.23 所示。

图 4.2.23　信号源按钮工具栏

	交流电流源；		直流电流源；		分段线性电流源；
	交流电压源；		指数电流电流源；		分段线性电压源；
	调幅电压源；		指数电压电流源；		脉冲电流源；
	时钟脉冲电流源；		调频电流源；		脉冲电压源；
	时钟脉冲电压源；		调频电压源；		白噪声电压源。

9. 基本元件按钮（Basic Components Bar）工具栏

基本元件按钮工具栏如图 4.2.24 所示。

图 4.2.24　基本元件按钮工具栏

	电容器；		继电器；		电源变压器；
	无芯线圈；		继电器；		变压器；
	理想感应器；		磁性继电器；		可变电容器；
	磁芯线圈；		电阻；		可变电感线圈；
	非线性变压器；		音频变压器；		上拉电阻；
	电位器；		Misc 变压器；		压控电阻。

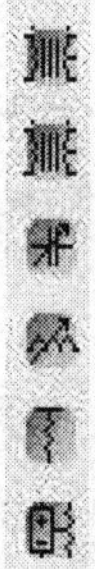

10. 二极管按钮（Diodes Components Bar）工具栏

二极管工具栏如图 4.2.25 所示。二极管工具栏包含了两种二极管：普通二极管和稳压二极管。

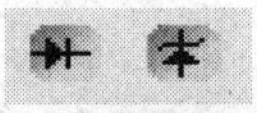

图 4.2.25　二极管按钮工具栏

11. 晶体管按钮（Transistor Components Bar）工具栏

晶体管按钮工具栏如图 4.2.26 所示。

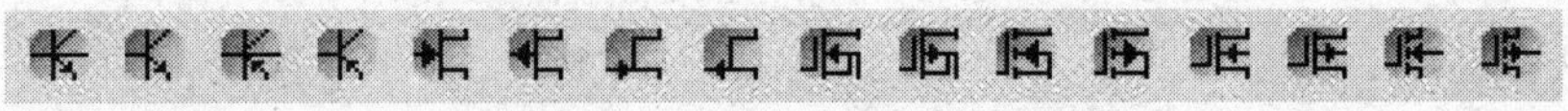

图 4.2.26　晶体管按钮工具栏

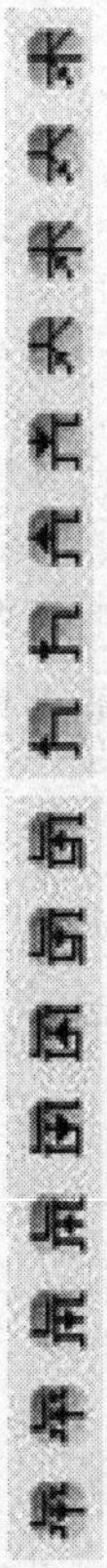

4 端 NPN 三极管；

NPN 三极管；

4 端 PNP 三极管；

PNP 三极管；

N 沟道砷化镓场效应晶体管；

P 沟道砷化镓场效应晶体管；

N 沟道结型场效应晶体管；

P 沟道结型场效应晶体管；

N 沟道耗尽型金属氧化物半导体场效应晶体管；

P 沟道耗尽型金属氧化物半导体场效应晶体管；

N 沟道增强型金属氧化物半导体场效应晶体管；

P 沟道增强型金属氧化物半导体场效应晶体管；

N 沟道耗尽型金属氧化物半导体场效应晶体管；

P 沟道耗尽型金属氧化物半导体场效应晶体管；

N 沟道增强型金属氧化物半导体场效应晶体管；

P 沟道增强型金属氧化物半导体场效应晶体管。

12. 模拟元件按钮（Analog Components Bar）工具栏

模拟元件按钮工具栏如图 4.2.27 所示。

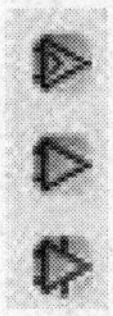

限流器；

3 端理想运算放大器；

5 端理想运算放大器。

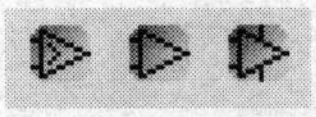

图 4.2.27　模拟元件按钮工具栏

13. 杂列元件按钮（Miscellaneous Components Bar）工具栏

杂列元件按钮工具栏如图 4.2.28 所示。

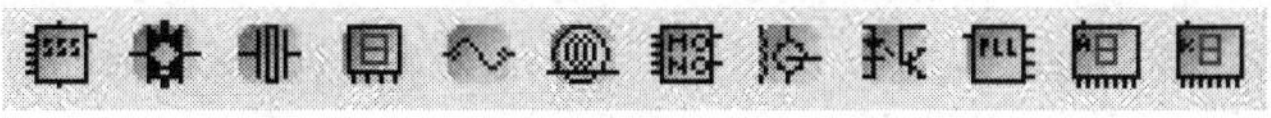

图 4.2.28 杂列元件按钮工具栏

555 定时器；

四千门系列集成电路系统；

晶体振荡器；

七段数码管；

保险丝；

指示灯；

单稳态虚拟器件；

直流电动机；

光耦器件；

锁相环；

七段译码显示管；

七段译码显示管。

14. 测量元件按钮（Measurement Components Bar）工具栏

测量元件按钮工具栏如图 4.2.29 所示。

图 4.2.29 测量元件按钮工具栏

4 种极性方向不同的电流表：

直流电流表；

直流电流表；

直流电流表；

直流电流表。

5 种不同颜色的探测针：

探测针（发光二极管）；

探测针（发光二极管）；

探测针（发光二极管）；

探测针（发光二极管）；

探测针（发光二极管）。

4 种极性连接方向不同的电压表：

直流电压表；

直流电压表；

直流电压表；

直流电压表。

15. 额定虚拟元件按钮（Rated Virtual Components Bar）工具栏

额定虚拟元件按钮工具栏如图 4.2.30 所示。

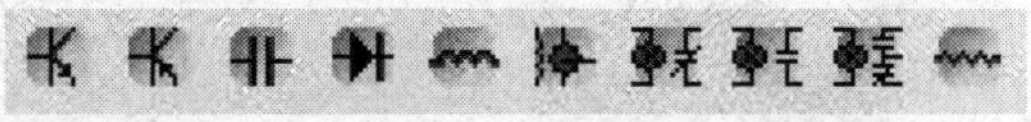

图 4.2.30 额定虚拟按钮工具栏

额定虚拟元件按钮工具栏从左到右依次是 NPN 三极管、PNP 三极管、电容、二极管、电感、电动机、3 种继电器和电阻。

16. 3 维元件按钮（3D Components Bar）工具栏

3 维元件按钮工具栏如图 4.2.31 所示

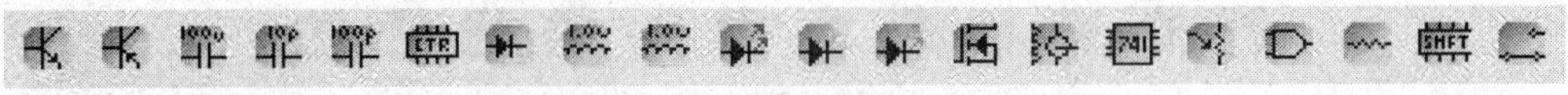

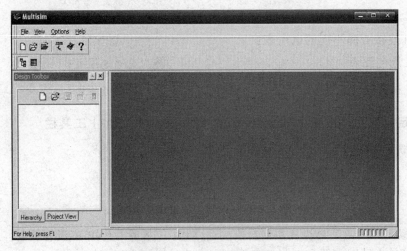

图 4.2.31　3D 元件按钮工具栏

3 维元件按钮工具栏从左到右依次是 NPN 三极管、PNP 三极管、100 μ电容、10 p 电容、100 p 电容、十进制计数器、二极管、2 种电感、3 种发光二极管（仅颜色不同）、场效应晶体管、直流电动机、理想运放、可变电阻、与非门、电阻和移位寄存器。

其他有关的菜单及工具栏可以查询在线技术帮助和使用指导，此处不再介绍。

4.3　Multisim 的基本操作

对 Multisim 的基本界面和常用功能有了了解之后，下面将通过具体的仿真实例逐步介绍其使用方法。

4.3.1　操作实例：戴维南定理

戴维南定理：

对于线性有源的二端网络，均可用实际理想电压源串电阻进行等效替换。

要求：

（1）理想电压源的电压为此二端网络的开路电压；

（2）串联电阻应为此二端网络两端的等效电阻。

下面借助 Multisim 来验证戴维南定理。

1. 打开、新建和保存

首先打开 Multisim 应用程序，打开如图 4.3.1 所示的主界面。

图 4.3.1　Multisim 主界面

新建文件：File 下拉菜单中选择 New 命令（或点击标准工具栏中的"新建"图标 ），此时 Multisim 会自动将新建文件命名为 Circuit1，显示界面如图 4.3.2 所示。

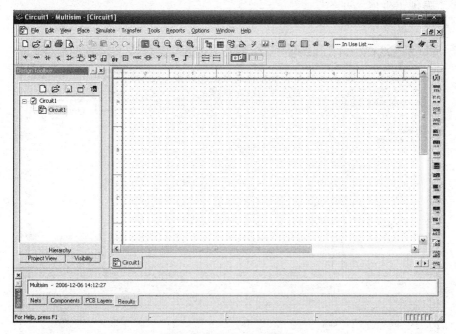

图 4.3.2　Circuit1 界面

若想要改变文件名，可以用下面的保存方法。

文件保存：点击 File 下拉菜单，选择 Save 命令（或点击标准工具栏中的"保存"按钮 ）即可保存文件。对于新建文件，保存时会弹出保存对话框，如图 4.3.3 所示。

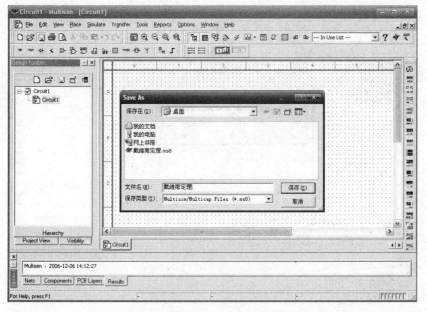

图 4.3.3　文件保存对话框

　　通过此对话框，可以改变新建文件名，还可以根据设计要求将新建文件保存到指定位置。此处，我们将文件名改为"戴维南定理"，保存位置为"桌面"。点击"保存"，将在桌面上建立了一个"戴维南定理"的文件。

　　保存后的运行界面如图 4.3.4 所示。

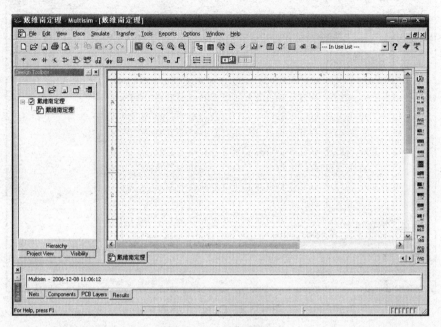

图 4.3.4　运行界面

　　另外，要改变文件名，也可以点击 Design Tools（设计工具箱）中的重命名按钮直接修改。点击后出现的对话框如图 4.3.5 所示。

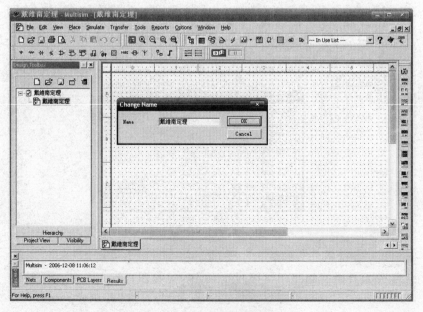

图 4.3.5　文件更名对话框

其他的新建、保存、重命名方法可参考常用的 Windows 应用元件。

2. 连接电路图

借助 Multisim 验证戴维南定理时，需在 Multisim 的电路窗口中连接如图 4.3.6 所示的电路图。

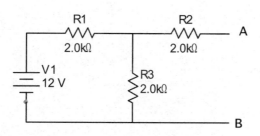

图 4.3.6　戴维南定理电路图

放置及更改元器件的具体步骤如下：

首先放置直流电源：点击 Place 菜单，弹出下拉菜单，选择 Place Component...命令（或在电路窗口中右击鼠标，在快捷菜单中选择 Place Component），这时弹出元件放置菜单，如图 4.3.7 所示。

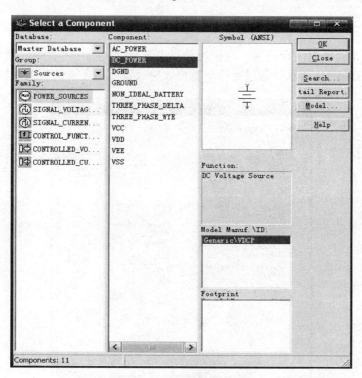

图 4.3.7　元件放置对话框

在 Database 下拉列表中选择 Master Database 选项，并在 Group 下拉列表框中选择 Sources 选项，此时在 Family 列表框中就出现了 Sourses 中的几个组件，选中其中的 POWER_SOURCES，在 Component 列表框中有相应的电源器件供用户选择。

选中 DC_POWER 器件后，在右侧会出现器件相应的属性。单击 OK 按钮，在电路窗口中就会出现一个跟随鼠标移动的直流电压源器件，在电路窗口中的适当位置单击鼠标左键，就完成了在指定位置放置直流电压源的任务，如图 4.3.8 所示。

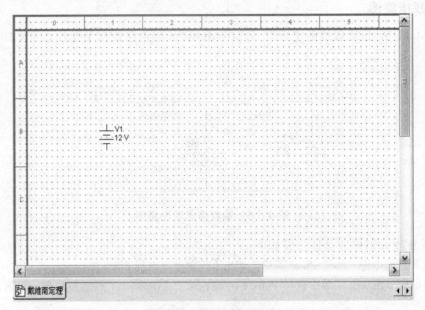

图 4.3.8　放置直流电源

鼠标右键点击直流电压源图标，在快捷菜单中选择 Properties 命令，就会弹出直流电压源属性菜单，如图 4.3.9 所示。通过此菜单就可以修改直流电压源的相关参数。

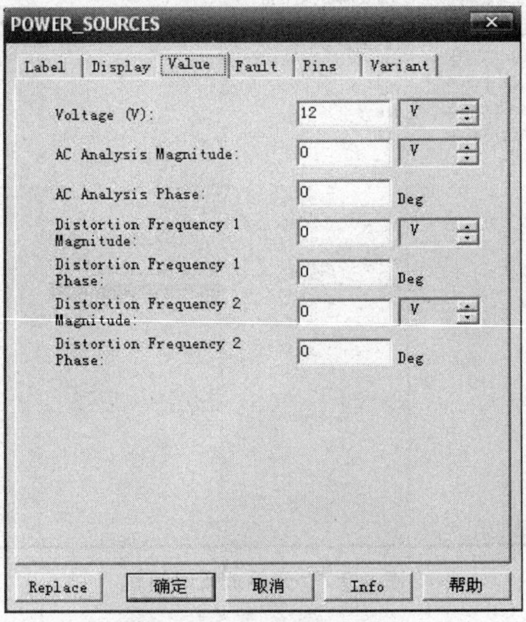

图 4.3.9　直流电压源设置

按照上述方法，在图 4.3.10 所示的 Group 下拉列表框中选中 Basic，依次在 Family 和 Component 列表框中进行选择，找到电阻 R1、R2、R3 并按照图 4.3.6 放置即可。

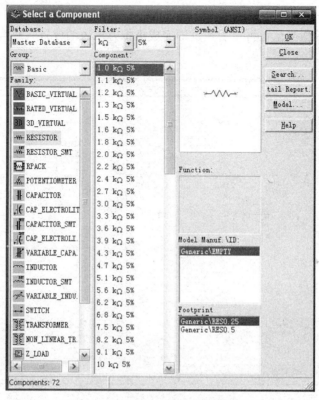

图 4.3.10　放置电阻元件

Multisim 放置的元器件均有默认的方向，鼠标右键点击元器件会弹出快捷菜单，如图 4.3.11 所示。通过此快捷菜单可以实现元器件的翻转、旋转以及更改参数的功能。通过类似的过程，我们可以任意放置所需的元器件，由于放置的元件库里的元件均为实际的标称原件，不能更改其标称参数。

图 4.3.11　元件快捷菜单

　　最后，我们验证戴维南定理时还需要放置虚拟万用表。在虚拟仪器组件工具栏上单击 ![]图标，在电路窗口的适当位置再单击左键即完成虚拟万用表的放置。放置完器件的电路图如图 4.3.12 所示。

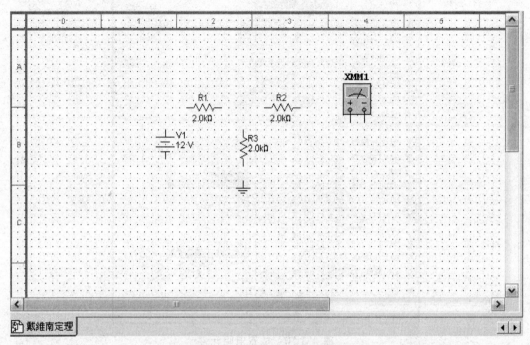

图 4.3.12　元件放置电路图

　　放置好所需器件后，开始进行电气连接。方法同其他的电路设计软件类似。在 Place 菜单中选择 Wire 命令，鼠标就会变成"十"字光标，将光标移至器件引脚单击鼠标左键（或只需在将要连接的器件引脚端点上鼠标单击），这时将会出现一条与鼠标同步运动的导线，如图 4.3.13 所示，移动鼠标至另一器件的引脚上。

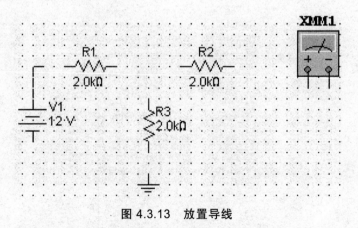

图 4.3.13　放置导线

　　当引脚上出现红色小圆点时，表明导线即将连上，这时单击鼠标，完成器件之间的电气连接，如图 4.3.14 所示。

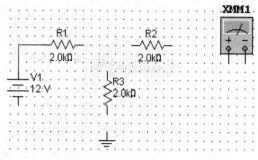

图 4.3.14 连接元件

按照上述连线方法，并根据图 4.3.6 完成戴维南定理电路图的绘制，如图 4.3.15 所示。

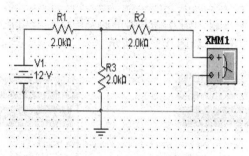

图 4.3.15 戴维南定理电路图

3. 仿 真

电路原理图绘制完成后，单击"仿真启动/停止"按钮 ⚡ 或"仿真开关"按钮 ，或者选择 Simulate 下拉菜单中的 Run 命令，启动电路仿真，如图 4.3.16 所示。

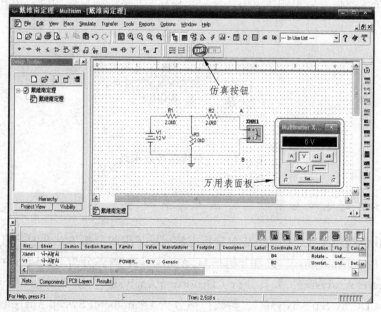

图 4.3.16 启动仿真

万用表指示面板如图 4.3.17 所示。

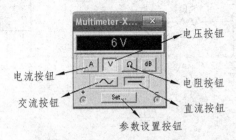

图 4.3.17　万用表指示面板

点击万用表面板上的 V 按钮，则测量的是 A、B 两点间的电压，本电路的开路电压为 6 V，如图 4.3.18 所示。

点击万用表面板上的 A 按钮，则万用表测量的是电流，此电流为 A、B 两点间的短路电流，本电路测得的电流为 2 mA，如图 4.3.19 所示。

图 4.3.18　电压测量显示

图 4.3.19　电流测量显示

根据开短路法测得等效电阻 $R = \dfrac{6\text{ V}}{2 \times 10^{-3}\text{ A}} = 3\text{ k}\Omega$。于是得到戴维南等效电路，如图 4.3.20 所示。

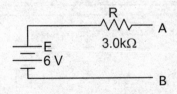

图 4.3.20　戴维南等效电路

4.3.2　Multisim 的电路基本分析方法及仿真实例

Multisim 软件提供了 15 种电路基本分析方法，最常用的分析方法包括：直流工作点分析（DC Operating Point Analysis）、交流分析（AC Analysis）、瞬态分析（Transient Analysis）、傅立叶分析（Fourier Analysis）、失真分析（Distortion Analysis）、噪声分析（Noise Analysis）、直流扫描分析（DC Sweep Analysis）、参数扫描分析（Parameter Sweep Analysis）等，其使用方法将在以下仿真实例中分别说明。

4.3.2.1 仿真实例一：电阻元件伏安特性的测量

电阻元件伏安特性的测量实际上是测量电阻两端的电压与流过的电流的关系。在
Multisim 中既可以像实验室中一样使用电压表和电流表进行逐点测量，也可以利用软件中提
供的 DC Sweep 分析法直接形成 *U-I* 关系曲线。

DC Sweep 分析功能不仅可以非常容易地直接测出线性元件的伏安特性曲线，对某些非
线性元件的伏安特性曲线也能较方便地得到。在本章节中还将介绍 IV 特性分析仪的使用方
法。下面以测试 1 Ω 线性电阻和 1N3890A 二极管的特性为例来说明利用仪表进行测试分析的
过程。

1. 线性电阻的测试

测试电路如图 4.3.21 所示。

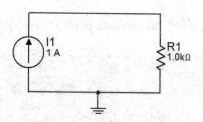

图 4.3.21　线性电阻的测试电路

点击 Simulate 菜单中 Analyses 下的 DC Sweep 命令，出现 DC Sweep Analyses 对话框，
在 Analyses Parameters 页的选项中进行如图 4.3.22 所示的设置。

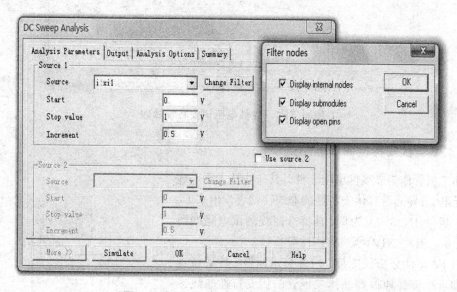

图 4.3.22　DC Sweep Analyses 对话框

在 Output 页中进行如下设置，选取节点 1 为输出变量，如图 4.3.23 所示。

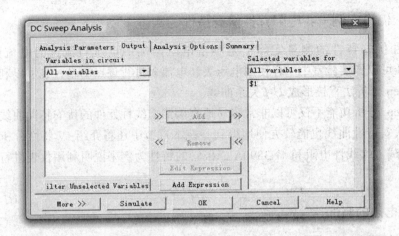

图 4.3.23　Output 页面

点击 DC Sweep Analyses 对话框中的 Simulate 按钮,直接得到伏安特性曲线,如图 4.3.24 所示。

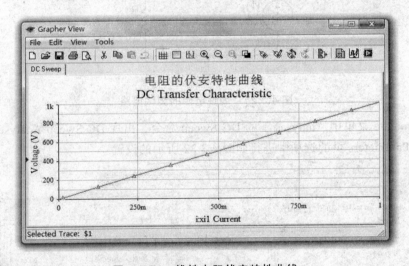

图 4.3.24　线性电阻伏安特性曲线

2. 二极管伏安特性曲线的测量

晶体二极管作为非线性电阻元件,其非线性主要表现在单向导电上,导通后其伏安特性的非线性就表现出来了。

以二极管 1N3890A 为例,其特性曲线测试电路如图 4.3.25 所示,其中 XIV1 是 IV 特性分析仪。

双击 IV 特性分析仪图标,打开显示面板。按下仿真按钮,即可很容易地得到晶体二极管的伏安特性曲线,如图 4.3.26 所示。

单击 IV 特性分析仪操作面板上的 Sim_Param 按钮,可对其相关仿真参数进行设置,如图 4.3.27 所示。有关 IV 特性分析仪的详细使用方法请参看 4.5.10 节。

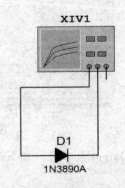

图 4.3.25　二极管特性曲线测试电路

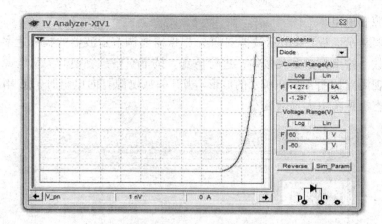

图 4.3.26　二极管的伏安特性曲线

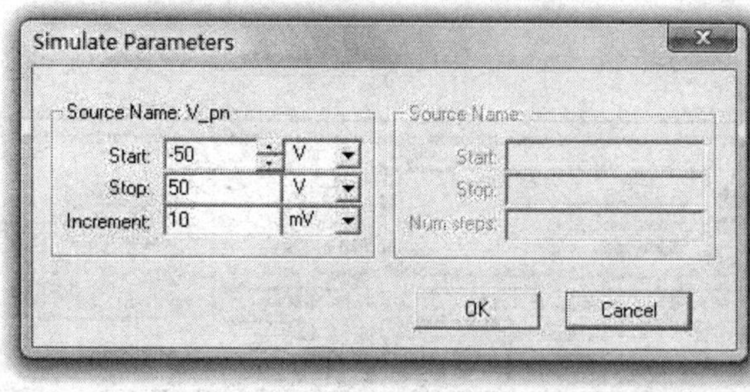

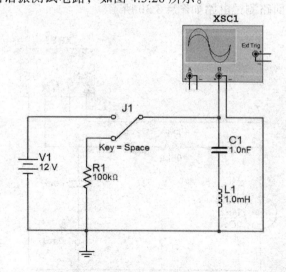

图 4.4.27　IV 特性分析仪仿真参数的设置

4.3.2.2　仿真实例二：LC 串联谐振回路特性的测量

构建 LC 串联回路谐振测试电路，如图 4.3.28 所示。

图 4.3.28　LC 串联谐振电路

图中 XSC1 为双踪示波器，可直接从仪表栏中选取。J1 是一个手动的单刀双置开关，其一端接直流电源，另一端接电阻。每按一次空格键，就产生一次动作，每次动作即可使开关分别接直流电源和电阻。

　　打开示波器显示面板（双击示波器图标），根据需要调节示波器的扫描速率和电压衰减灵敏度的设置参数。按下仿真开关按钮，进行仿真。按下空格键，使开关从电源打向电阻，即可清晰直观地观测到如图 4.3.29 所示的波形。当开关从电源打向电阻时，LC 串联谐振回路处于自由振荡状态，振幅由大逐渐变小。

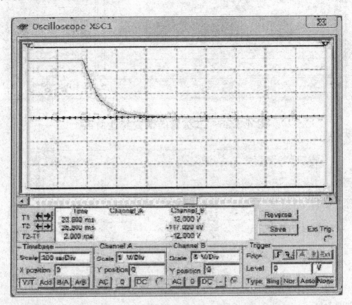

图 4.3.29　LC 串联谐振回路仿真测试波形

　　另外，Multisim 还可以进一步直接对 LC 串联谐振回路的幅频特性、相频特性进行仿真测试。

　　构建 LC 串联谐振回路测试电路如图 4.3.30 所示。

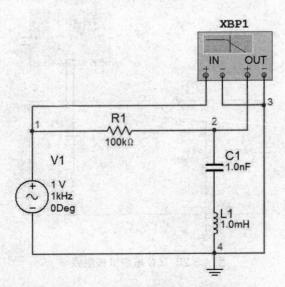

图 4.3.30　LC 串联谐振回路测试电路

　　其中 XBP1 是波特图示仪，有关它的使用请参看 4.5.6 节。按下仿真开关按钮，进行仿真测试。得到的 *LC* 串联谐振回路的幅频特性曲线如图 4.3.31 所示。

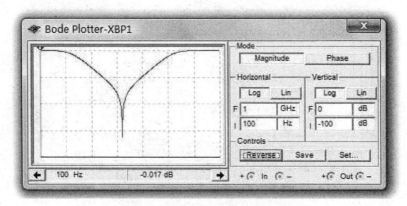

图 4.3.31　*LC* 串联谐振回路的幅频特性

　　拉动测试标记线，可以很方便地看到 *LC* 串联谐振回路的谐振频率，如图 4.3.32 所示。

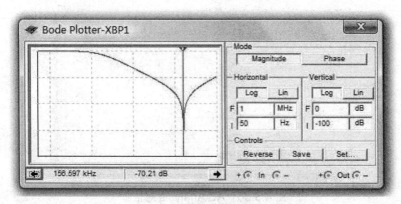

图 4.3.32　*LC* 串联谐振回路的谐振频率

　　看读数可知：*LC* 串联谐振回路的谐振频率为 156.597 Hz。

　　在同一个测试电路中，只要按下"Phase"按钮，就可以很方便地得到 *LC* 串联谐振回路的相频特性曲线，如图 4.3.33 所示。

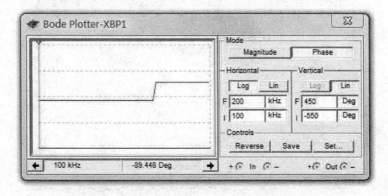

图 4.3.33　*LC* 串联谐振回路的相频特性

　　同样，拉动测试标记线，也可以方便地看到 *LC* 串联谐振回路的谐振频率，如图 4.3.34 所示。

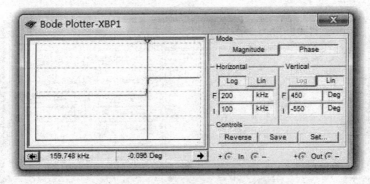

图 4.3.34　*LC* 串联谐振回路的谐振频率

　　在 Multisim 中，还可以用另一种方法进行分析。启动 Simulate 菜单中 Analysis 下的 AC Analysis 命令，在 AC Analysis 对话框中将 Output Variables 设置为节点 2，如图 4.3.35 所示。

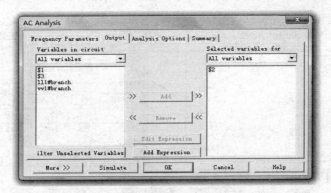

图 4.3.35　AC Analysis 对话框

　　单击 AC Analysis 对话框上的 Simulate 按钮，出现一个 Grapher View 窗口形式，仿真结果如图 4.3.36 所示。

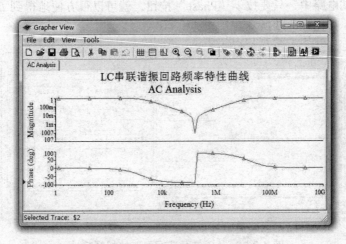

图 4.3.36　Grapher View 窗口

4.3.2.3　仿真实例三：三相交流电路的仿真

图 4.3.37 中所示电路为以星形接法连接的三相电源电路。三相交流电源是由三个频率相同、振幅相同、相位依次相差 120° 的正弦电压源按一定连接方式组成的电源。如图 4.3.37 所示，其中 A 相的初相角为 0°，B 相的初相角为 −120°，C 相的初相角为 120°。本例中电源的振幅均为 120 V、频率为 60 Hz。为了使电路图更加简单直观，可以将它创建为子电路的形式。

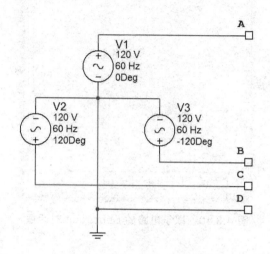

图 4.3.37　三相电源电路图

在 Multisim 中创建与使用子电路非常简单，其基本过程如下：

（1）创建子电路部分的详细电路图，图中应包含与其他电路部分相连的接线端子，并必须有连接输入/输出端的符号。

如图 4.3.37 所示的三相交流电源电路图，包含了 A、B、C 三相线和中线 N 四个输出端口。

（2）按住鼠标左键，拉出一虚线框，选定用来组成子电路的所有元器件及连线。

启动 Place 菜单中的 Replace by Subcircuit，打开 Subcircuit Name 对话框，如图 4.3.38 所示。在其编辑栏中输入子电路的名称，如 3Y，单击 OK 按钮，即可得到如图 4.3.39 所示的子电路。

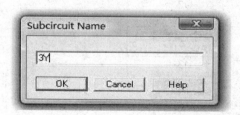

图 4.3.38　Subcircuit 子电路命名对话框

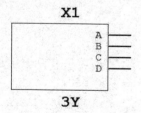

图 4.3.39　创建的子电路

（3）取出子电路，移至适当位置后，单击则可出现如图 4.3.40 所示的 Subcircuit 对话框。可在 RefDes 栏内输入该子电路的序号。如果单击 Edit HB/SC 按钮，则可进入该子电路内重新编辑。

（4）调用子电路。启动 Place 菜单中的 New Subcircuit...命令，则出现与图 4.3.38 相同的对话框，输入子电路名，即可在电路中放置该子电路的方块图。这个子电路方块图就像一般的电路组件，在电路图编辑中可与元件一样处理，但不能旋转和修改属性。在同一个电路中可以使用多个相同或不同的子电路。

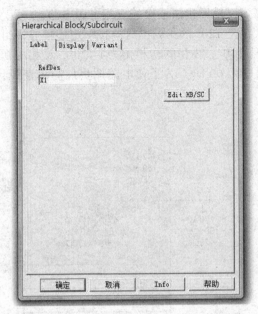

图 4.3.40　取子电路的 Subcircuit 对话框

1. 线电压的测试

图 4.3.37 是 Y 形连接的三相交流电源，三个电源的末端连接为公共节点 N，即中点，由中点引出的线称为中线，由 A、B、C 分别引出的线称为相线。相线与中线之间的电压为相电压 U_a、U_b、U_c；各相线之间的电压为线电压 U_{ab}、U_{bc}、U_{ca}。创建如图 4.3.41 所示的测试电路，可以仿真测试得到线电压。

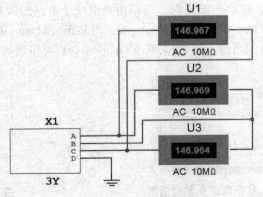

图 4.3.41　线电压测试电路

2. 测量三相相序

在三相电路的实际应用中，有时需要正确地判别三相交流电源的相序。如图 4.3.37 所示的三相交流电源，假设原来不知道其相序，在 Multisim 环境下可以通过观察电路中如图 4.3.42 所示的四通道示波器 XSC1 上的波形来确定。

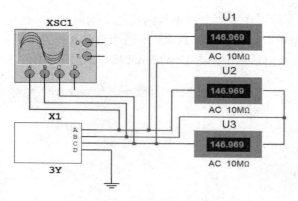

图 4.3.42　相序波形测试电路

四通道示波器 XSC1 的设置以及显示的三相交流电的相序波形如图 4.3.43 所示。

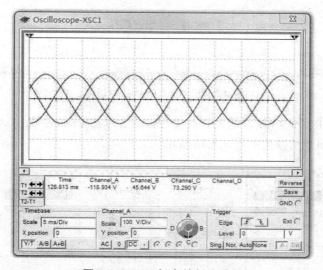

图 4.3.43　三相电的相序波形

3. 测量三相电路功率

这里选取三相电动机作为负载，用"两瓦法"来测量，即使用两只功率计测量三相负载的功率，两个功率计读数之和即等于三相负载的总功率，测量线路如图 4.3.44 所示。

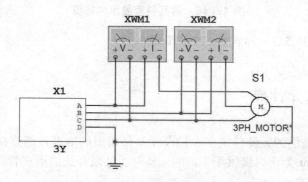

图 4.3.44　三相电路的功率测量电路

　　编辑原理图时，要特别注意两个功率计的接法。同时从 Electro_Mechanical 元件库的 Output_Devices 元件箱中取出 3PH_MOTOR，并适当修改其相关模型参数。双击原理图上的 3PH_MOTOR，在其属性对话框中单击 Edit Model 按钮，出现如图 4.3.45 所示的对话框。

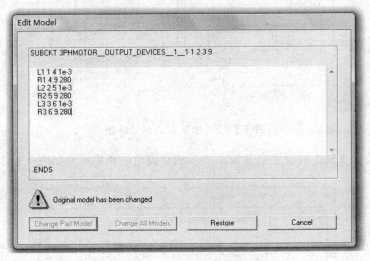

图 4.3.45　Edit Model 对话框

　　将其中的 R1、R2 和 R3 所取的值 2 改为 280 后，单击 Change Part Model 按钮即可。运行仿真，两瓦特表显示的数值如图 4.3.46 所示。

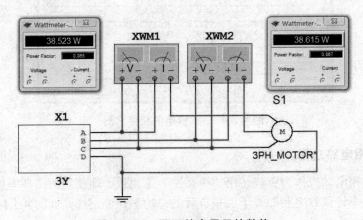

图 4.3.46　两瓦特表显示的数值

　　所以总功率为：38.523 + 38.615 = 77.138（W）。

4.4　Multisim 的元件库

　　EDA 软件所能提供的元器件的多少以及元器件模型的准确性都直接决定了该软件的质量和易用性。Multisim 为用户提供了丰富的元器件，并以开放的形式管理元器件，使得用户能够自己添加所需要的元器件。

4.4.1　元件库的管理

Multisim 以库的形式管理元器件，通过菜单 Tools/ Database Management（或单击工具栏中的电源图标）打开 Database Management（数据库管理）窗口，对元器件库进行管理，如图 4.4.1 所示。

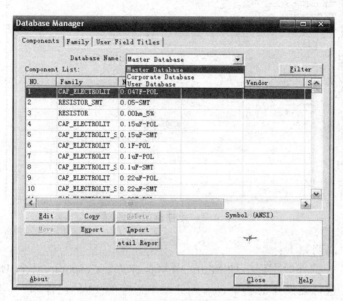

图 4.4.1　数据库窗口

在 Database Management 窗口中的 Database 列表中有三个数据库：Multisim Master 库、Corporate 库（专业版中才有）和 User 库。其中 Multisim Master 库中存放的是软件为用户提供的元器件；Corporate 库主要是方便设计团队共享经常使用的一些特定元件；User 是为用户自建元器件准备的数据库。用户对 Multisim Master 数据库中的元器件和表示方式没有编辑权，但可以通过选择 User 数据库，对自建元器件进行编辑管理。在刚使用软件时，User 数据库是空的，可以通过 Edaparts.com 导入或由用户自己编辑和创建（具体可查询在线技术帮助和使用指导）。

在 Multisim Master 中有前面介绍到的所有实际元器件和虚拟元器件，它们之间的根本差别在于：一种是与实际元器件的型号、参数值以及封装都相对应的元器件，在设计中选用此类器件，不仅可以使设计仿真与实际情况有良好的对应性，还可以直接将设计导出到 Ultiboard 中进行 PCB 的设计。另一种器件的参数值是该类器件的典型值，不与实际器件对应，用户可以根据需要改变器件模型的参数值，只能用于仿真，这类器件称为虚拟器件。它们在工具栏和对话窗口中的表示方法不同，并非所有的元器件都设有虚拟类的器件。在原理仿真中为了便于改变参数和提高仿真速度，通常选用虚拟器件。而在设计电路时，常选择实际元器件以取得与实际电路相一致的结果。

4.4.2　信号及电源库

单击元件工具栏中的电源图标，弹出如图 4.4.2 所示的元件选择对话框。

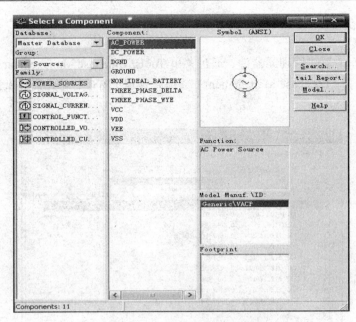

图 4.4.2　元件选择对话框

对话框的各项说明如下：

"Database" 栏：选择数据库，如 Multisim Master 库、Corporate 库和 User 库。

"Group" 栏：选择元件库的类型，即元件菜单栏中的 13 种元件库。

"Family" 栏：选择元件库中的不同元件箱。如 "Sources" 元件库中包含有 6 种元件箱。

"Component" 栏：显示 "Family" 栏中元件箱的所有元件。

"Symbol（ANSI）" 栏：显示所选元件的 ANSI 标准符号。

"Function" 栏：显示所选元件的功能。

"OK" 按钮：单击按钮选择元件放置到电路编辑区。

"Close" 按钮：单击关闭对话框。

"Search" 按钮：单击此按钮可根据元件所属数据库类型、分类、元件名称等信息查找所需元件。

"tail Report" 按钮：单击输出元件详细报告。

"Model" 按钮：单击显示元件模型报告、

"Help" 按钮：单击获得帮助信息。

元件库的元件选择对话框的设置和按钮功能与图 4.3.7 类似，这里不再详细讲述，仅对 "Family" 栏中的元件箱进行说明。

在 "Sources" 元件库中，"Family" 栏包含有 6 种电源。

电源 "Power_Sources"：包含交直流电源、数字地、接地、3 相△接电源、3 相 Y 接电源等。

信号电压源 "Signal_Voltage_Source"：包含交流电流源、交流电压源、调幅电压源、时钟脉冲电流源、时钟脉冲电压源等多种电压源。

信号电流源 "Signal_Current_Source"：包含直流电流源、指数电流电流源、指数电压电流源、调频电流源、调频电压源、分段线性电流源、分段线性电压源、脉冲电流源等多种电流源。

控制函数模块 "Control_Function_Blocks"：包括乘除法、微积分等多种功能块。

受控电压源 "Controlled_Voltage_Sources"：包括电压控制电压源和电流控制电压源等。

受控电流源 "Controlled_Current_Sources"：包括电压控制电流源和电流控制电流源等。

4.4.3　基本元件库

单击元件工具栏中的基本元件库图标，弹出对应的元件选择对话框，其"Family"栏如图 4.4.3 所示，说明如表 4.4.1 所示。

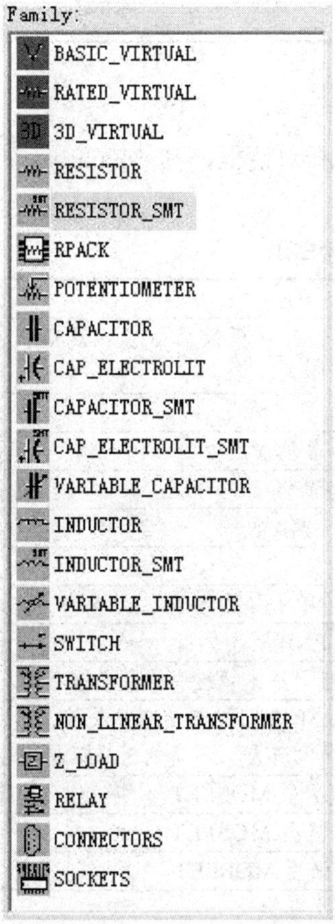

表 4.4.1　基本元件库

元件箱名称	说　明
BASIC_VIRTUAL	基本虚拟元件：包括常用的电阻、电容、电感、继电器、电位器等
RATED_VIRTUAL	额定虚拟元件：包括三极管、电容、二极管、电感、电动机、继电器和电阻等
3D_VIRTUAL	3 维虚拟元件：包括三极管、电容、十进制计数器、二极管、电感、场效应晶体管、直流电动机、理想运放、可变电阻、与非门、电阻和移位寄存器等
RISISTOR	电阻：各种标称电阻，其值不能改变
RISISTOR_SMT	贴片电阻：各种贴片电阻
RPACK	排阻：相当于多个电阻并排封装在一起
POTENTIONMETER	电位器：可调电阻，可通过键盘调节电阻值
CAPACITOR	电容器：无极性电容，不可改变大小，无误差和耐压值限制
CAP_ELECROLIT	电解电容：有极性电容，"＋"端接高电位
CAPACITOR_SMT	贴片电容：各种贴片电容
CAP_ELECROLIT_SMT	贴片电解电容：各种贴片电解电容
VARTABLE_CAPACITOR	可变电容：电容值可改变，使用同电位器
INDUCTOR	电感：各种电感
INDUCTOR_SMT	贴片电感器
VARTABLE_INDUCTOR	可变电感：各种可变电感
SWITCH	开关：包括各种开关和控制开关
TRANSFORMER	变压器：使用时要求变压器两端接地
NON_LINEAR_TRANSFORMER	非线性变压器：考虑了磁心饱和效应，可以构造漏感等各种参数
Z_LOAD	阻抗负载：包括 RLC 并联和串联负载，参数可修改
RELAY	继电器：继电器触点的开合受线圈电流控制
CONNECTORS	连接器：不会对仿真产生影响，主要用于 PCB 设计
SOCKETS	插座：为标准插件提供位置，主要用于 PCB 设计

Family:

- BASIC_VIRTUAL
- RATED_VIRTUAL
- 3D_VIRTUAL
- RESISTOR
- RESISTOR_SMT
- RPACK
- POTENTIOMETER
- CAPACITOR
- CAP_ELECTROLIT
- CAPACITOR_SMT
- CAP_ELECTROLIT_SMT
- VARIABLE_CAPACITOR
- INDUCTOR
- INDUCTOR_SMT
- VARIABLE_INDUCTOR
- SWITCH
- TRANSFORMER
- NON_LINEAR_TRANSFORMER
- Z_LOAD
- RELAY
- CONNECTORS
- SOCKETS

图 4.4.3　基本元件库

4.4.4　二极管库

单击元件工具栏中的二极管元件库图标，弹出对应的元件选择对话框，其"Family"栏如图 4.4.4 所示，说明见表 4.4.2。

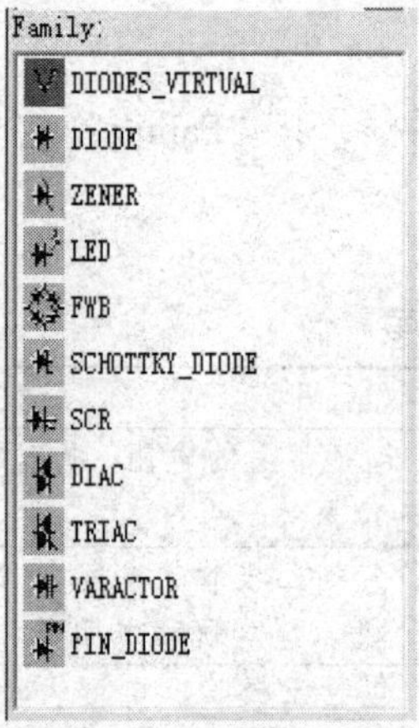

图 4.4.4　二极管元件库

表 4.4.2　二极管库说明

元件箱名称	说　明
DIODES_VIRTUAL	虚拟二极管：相当于理想二极管
DIODE	普通二极管：包括许多公司的产品型号
ZENER	稳压二极管：即齐纳二极管，包括许多公司的产品型号，参数需自行查阅
LED	发光二极管：其正向压降大于普通二极管
FWB	二极管整流桥：桥式整流桥 （2、3 端接交流，1、4 端输出直流）
SCHOTTKY_DIODE	肖特基二极管
SCR	可控硅：当正向电压超过转折电压且栅极被触发后才能导通
DIAC	双向二极管：相当于两个肖特基二极管并联
TRIAC	双向可控硅：相当于两个可控硅并联
VARACTOR	变容二极管：相当于电压控制电容器
PIN_DIODE	结二极管

4.4.5　晶体管库

单击元件工具栏中的晶体管元件库图标，弹出对应的元件选择对话框，其"Family"栏如图 4.4.5 所示，说明如表 4.4.3 所示。

表 4.4.3　晶体管库说明

元件箱名称	说　明
TRANSISTORS_VIRTUAL	虚拟晶体管：包括双极性晶体管、场效应管等
BJT_NPN	双极性 NPN 型晶体管
BJT_PNP	双极性 PNP 型晶体管
DARLINGTON_NPN	达林顿 NPN 型晶体管
DARLINGTON_PNP	达林顿 PNP 型晶体管
DARLINGTON_ARRAY	达林顿阵列
BJT_NRES	带偏置电阻的 NPN 型晶体管
BJT_PRES	带偏置电阻的 PNP 型晶体管
BJT_ARRAY	晶体管阵列：若干晶体管组成的复合晶体管
IGBT	IGBT 管：一种 MOS 门控制功率开关管，具有耐压值高、导通电流大、导通电阻小等特点
MOS_3TDN	三端 N 沟道耗尽型 MOSFET
MOS_3TEN	三端 N 沟道增强型 MOSFET
MOS_3TEP	三端 P 沟道增强型 MOSFET
JFET_N	N 沟道结型场效应管
JFET_P	P 沟道结型场效应管
POWER_MOS_N	N 沟道功率 MOSFET
POWER_MOS_P	P 沟道功率 MOSFET
POWER_MOS_COMP	复合功率 MOSFET
UJT	可编程单结型晶体管
THERMAL_MODELS	带有热模型的 NMOSFET

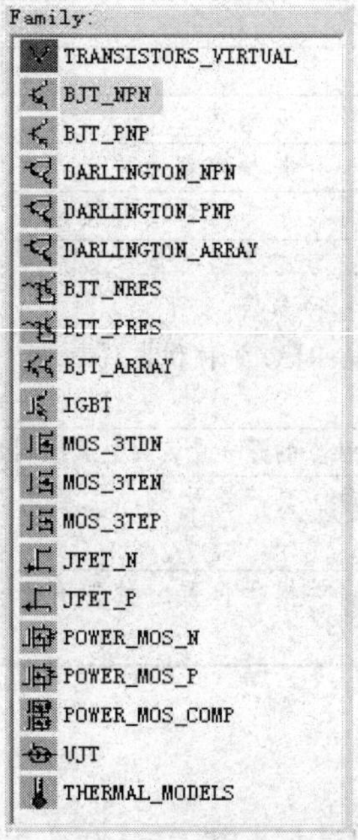

图 4.4.5　晶体管元件库

4.4.6　模拟元件库

单击元件工具栏中的模拟元件库图标，弹出对应的元件选择对话框，其"Family"栏如图 4.4.6 所示，说明如表 4.4.4 所示。

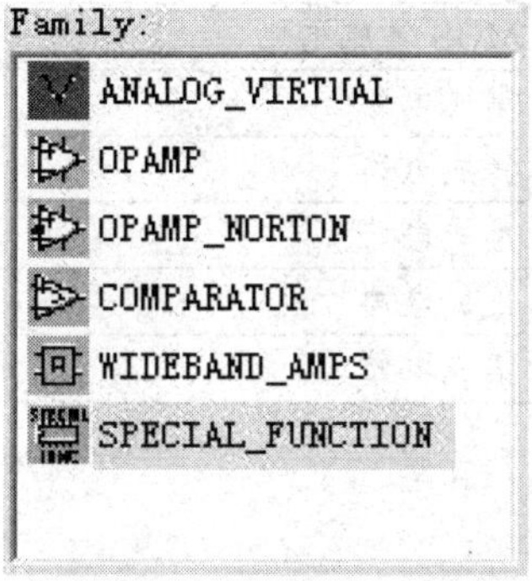

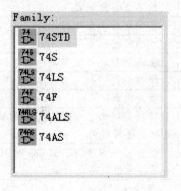

图 4.4.6　模拟元件库

表 4.4.4　模拟元件库说明

元件箱名称	说　明
ANALOG_VIRTUAL	虚拟模拟器件：包括比较器、虚拟运放
OPAMP	运算放大器：包括 5 端、7 端和 8 端运放，型号众多
OPAMP_NORTON	诺顿运放：即电流差分放大器，输出电压与输入电流成比例
COMPARATOR	比较器：比较 2 个输入端电压，输出相应状态
WIDEBAND_AMPS	宽带运放：单位增益带宽超过 10 MHz，主要用于带宽要求较高的场合，如视频放大
SPECIAL_FUCTION	特殊功能运放：包括测试运放、视频运放、有源滤波器等

4.4.7　TTL 元件库

TTL 元件库主要包含有 74 系列的 TTL 数字集成电路器件，单击元件工具栏中的 TTL 元件库图标，弹出对应的元件选择对话框，其"Family"栏如图 4.4.7 所示，说明见表 4.4.5。

Family:
74STD
74S
74LS
74F
74ALS
74AS

图 4.4.7　TTL 元件库

表 4.4.5　TTL 元件库说明

元件箱名称	说　明
74STD	标准型 TTL 集成电路
74S	肖特基型 TTL 集成电路
74LS	低功耗肖特基型 TTL 集成电路
74F	高速型 TTL 集成电路
74ALS	先进低功耗肖特基型 TTL 集成电路
74AS	先进肖特基型 TTL 集成电路

4.4.8　CMOS 元件库

CMOS 元件库主要包括 74HC 系列和 4×××系列的 CMOS 数字集成电路器件，单击元件工具栏中的 CMOS 元件库图标，弹出对应的元件选择对话框，其"Family"栏如图 4.4.8 所示，说明如表 4.4.6 所示。

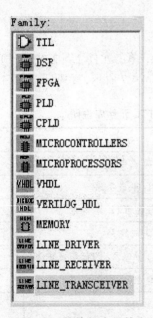

图 4.4.8　CMOS 元件库

表 4.4.6　CMOS 元件库说明

元件箱名称	说　明
CMOS_5V	4××× 系列 5 V CMOS 集成电路
74HC_2V	74 系列 2 V CMOS 集成电路
CMOS_10V	4××× 系列 10 V CMOS 集成电路
74HC_4V	74 系列 4 V CMOS 集成电路
CMOS_15V	4××× 系列 15 V CMOS 集成电路
74HC_6V	74 系列 6 V CMOS 集成电路
TinyLogic_2V	2 V Tiny 逻辑集成电路
TinyLogic_3V	3 V Tiny 逻辑集成电路
TinyLogic_4V	4 V Tiny 逻辑集成电路
TinyLogic_5V	5 V Tiny 逻辑集成电路
TinyLogic_6V	6 V Tiny 逻辑集成电路

4.4.9　其他数字元件库

单击元件工具栏中的其他数字元件库图标，弹出对应的元件选择对话框，其"Family"栏如图 4.4.9 所示，说明如表 4.4.7 所示。

图 4.4.9　其他数字元件库

表 4.4.7　其他数字元件库说明

元件箱名称	说　明
TTL	数字逻辑器件：包括各种门电路，没有封装信息
DSP	数字信号处理器
FPGA	在现场可编程阵列
PLD	可编程逻辑器件
CPLD	在现场可编程逻辑器件
MICROCONTROLLERS	微控制器
MICROPROCESSORS	微处理器
VHDL	硬件描述语言 VHDL 编写的常用数字逻辑器件
VERILOG_HDL	硬件描述语言 VERILOG_HDL 编写的常用数字逻辑器件
MEMORY	存储器
LINE_DRIVER	线驱动器
LINE_RECEIVER	线接收器
LINE_TRANSCEIVER	线发送器

4.4.10　混合元件库

单击元件工具栏中的混合元件库图标，弹出对应的元件选择对话框，其"Family"栏如图 4.4.10 所示，说明如表 4.4.8 所示。

表 4.4.8　混合元件库说明

元件箱名称	说　明
MIXED_VIRTUAL	混合虚拟元件：包括 555 定时器、单稳触发器、模拟开关、锁相环等
TIMER	定时器：包括不同型号的 555 定时器
ADC_DAC	A/D、D/A 转换器：包含 8 位的 A/D 和 D/A 转换器，无封装
ANALOG_SWITCH	模拟开关：即电子开关，通过控制信号控制开关状态
MULTIVIBRATORS	多谐振荡器

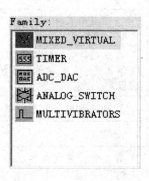

图 4.4.10　混合元件库

4.4.11　显示元件库

显示元件库包含用来显示仿真结果的器件，单击元件工具栏中的显示元件库图标，弹出对应的元件选择对话框，其 "Family" 栏如图 4.4.11 所示，说明如表 4.4.9 所示。

表 4.4.9　显示元件库说明

元件箱名称	说　明
VOLTMETER	电压表：测量交直流电压
AMMETER	电流表：测量交直流电流
PROBE	虚拟探针：高电平时发光
BUZZER	蜂鸣器
LAMP	灯泡
VIRTUAL_LAMP	虚拟灯泡
HEX_DISPALY	十六进制显示器：包括 3 个显示器，其中一个带译码器，其余 2 个不带译码器
BARGRAPH	条形光柱：相当于 10 个发光二极管同向排列

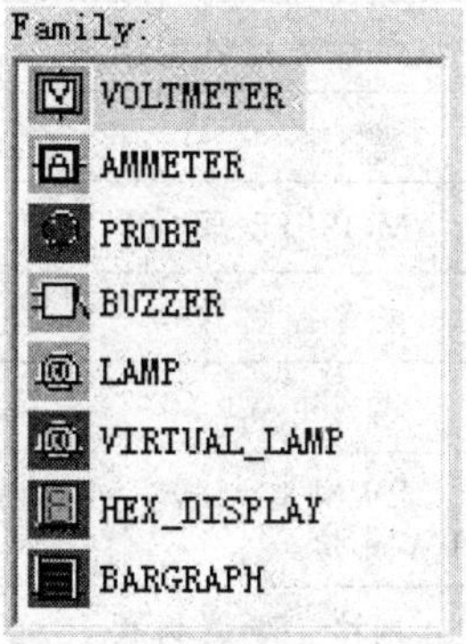

图 4.4.11　显示元件库

4.4.12　其他元件库

单击元件工具栏中的其他元件库图标，弹出对应的元件选择对话框，其 "Family" 栏如图 4.4.12 所示，说明如表 4.4.10 所示。

表 4.4.10　其他元件库说明

元件箱名称	说　明
MISC_VIRSUAL	其他虚拟元件：包括晶振、保险、光敏等
TRANSDUCERS	传感器：包括位置检测器、霍尔元件、光敏器件、压力传感器等
OPTOCOUPLER	光耦：通过光电进行耦合
CRYSTAL	晶振
VACUUM_TUBE	真空管：常在音频电路中作放大器
FUSE	保险：短路保护
VOLTAGE_REGULATOR	调压器：保持输出电压为常数
VOLTAGE_REFERENCE	参考电压
VOLTAGE_SUPPRESSOR	稳压器
BUCK_CONVERTER	降压变换器
BOOST_CONVERTER	升压变换器
BUCK_BOOST_CONVERTER	升/降压变换器
LOSSY_TRANSMISSION_LINE	有损传输线
LOSSESS_LINE_TYPE1	无损传输线类型 1
LOSSESS_LINE_TYPE2	无损传输线类型 2
FILTERS	滤波器
MOSFET_DRIVER	MOSFET 驱动器
POWER_SUPPLY_CONTROLLER	电源控制器
MISCPOWER	集成电源
PWM_CONTROLLER	PWM 控制器：可输出 PWM 信号
NET	网络：电路模板
MISC	其他元件：包含 GPS 接收机等

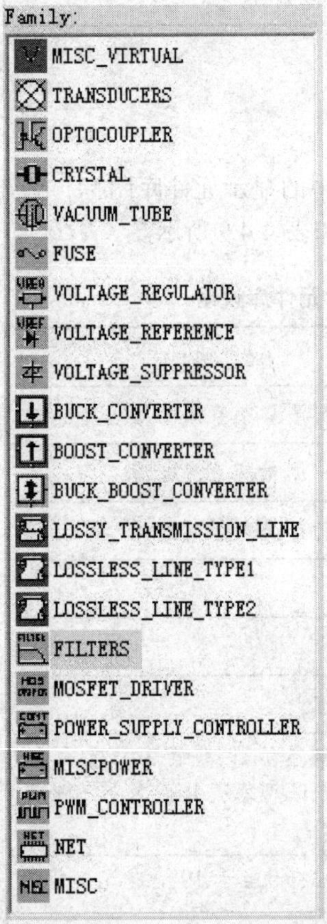

图 4.4.12　其他元件库

4.4.13　射频元件库

当电路工作于射频状态时，元件模型会发生变化。为此，Multisim 提供了射频元件模型。单击元件工具栏中的射频元件库图标，弹出对应的元件选择对话框，其"Family"栏如图 4.4.13 所示，说明如表 4.4.11 所示。

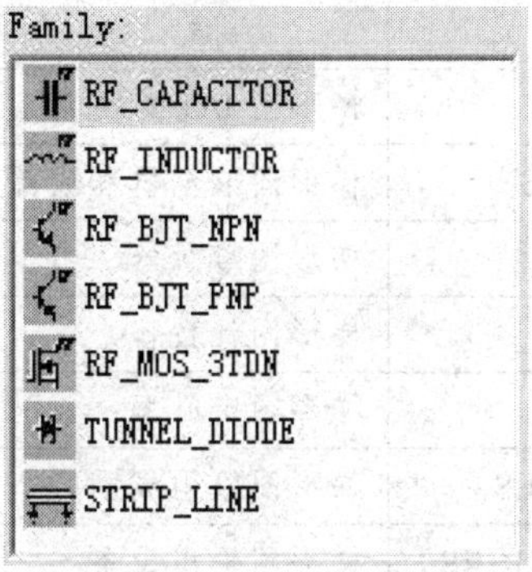

表 4.4.11　射频元件库说明

元件箱名称	说　明
RF_CAPACITOR	射频电容
RF_INDUCTOR	射频电感
RF_BJT_NPN	射频 NPN 型双极性三极管
RF_BJT_PNP	射频 PNP 型双极性三极管
RF_MOS_3TDN	射频 3 端 N 沟道 MOSFET
TUNNEL_DIODE	射频隧道二极管
STRIP_LINE	射频传输线

图 4.4.13　射频元件库

4.4.14　机电类元件库

机电类元件主要包含了一些电工元件，单击元件工具栏中的机电类元件库图标，弹出对应的元件选择对话框，其"Family"栏如图 4.4.14 所示，说明如表 4.4.12 所示。

表 4.4.12　机电类元件库说明

元件箱名称	说　明
SENSING_SWITDHES	感测开关：通过键盘控制开关状态
MOMENTARY_SWITCHES	复位开关：当其动作后马上复位
SUPERLEMENTARY_CONTACTS	接触器
TIMED_CONTACTS	定时接触器：可以实现延迟功能
COILS_RELAYS	线圈与继电器：包括电机线圈、继电器等
LINE_TRANSFORMER	线性变压器
PROTECTIONG_DEVICES	保护设备：包括保险丝、热继电器等
OUTPUT_DECICES	输出设备：包括三相电机、加热器、指示器等

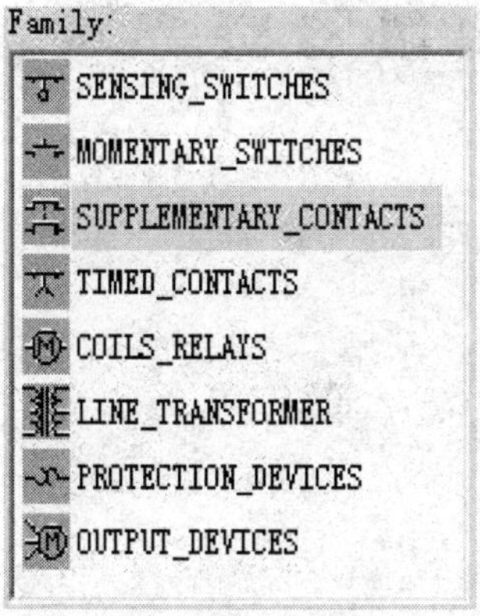

图 4.4.14　机电类元件库

4.4.15　梯形图元件库

Multisim 专门提供了梯形图元件模型。单击元件工具栏中的梯形图元件库图标，弹出对应的元件选择对话框，其"Family"栏如图 4.4.15 所示，说明如表 4.4.13 所示。

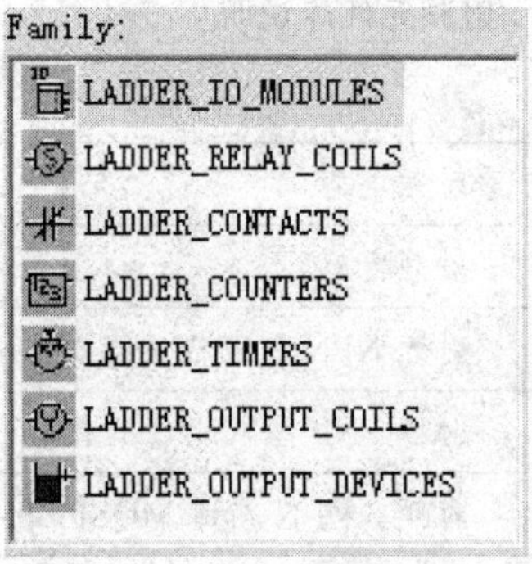

Family:
- LADDER_IO_MODULES
- LADDER_RELAY_COILS
- LADDER_CONTACTS
- LADDER_COUNTERS
- LADDER_TIMERS
- LADDER_OUTPUT_COILS
- LADDER_OUTPUT_DEVICES

图 4.4.15　梯形图元件库

表 4.4.13　梯形图元件库说明

元件箱名称	说　明
LADDER_IO_MODULES	梯形图 I/O 模块
LADDER_RELAY_COILS	梯形图继电器和线圈
LADDER_CONTACTS	梯形图接触器
LADDER_COUNTERS	梯形图计数器
LADDER_TIMER	梯形图定时器
LADDER_OUTPUT_COILS	梯形图输出线圈
LADDER_OUTPUT_DEVICES	梯形图输出设备

以上各表只对主要元件库进行了简要说明，在实际应用中要了解详细信息可查询在线技术帮助和使用指导。

4.5　虚拟仿真仪器

Multisim 提供了 19 种虚拟仿真仪器，其中几款是其他任何仿真软件所没有的虚拟仪器，如是德科技（原安捷伦公司）测量仪器：安捷伦函数信号发生器、安捷伦 6 位半数字万用表、安捷伦示波器等，这些仪器的面板、旋钮操作和实际安捷伦仪器完全一样，仪表工具栏通常位于电路窗口的右边。在前面的章节中已简要地介绍过仪表工具栏。如图 4.5.1 所示，仪表工具栏是进行虚拟电子实验和电子设计仿真最快捷而又形象的特殊窗口，也是 Multisim 最具特色的地方。

图 4.5.1　Instrument 工具栏

数字万用表（Multimeter）；

函数信号发生器（Function Generator）；

瓦特表（Wattmeter）；

双踪示波器（Oscilloscope）；

4 通道示波器（4 Channel Oscilloscope）；

波特图仪（Bode Plotter）；

频率计数器（Frequency Counter）；

字信号发生器（Word Generator）；

逻辑分析仪（Logic Analyzer）；

逻辑转换器（Logic Converter）；

IV 分析仪（IV-Analysis）；

失真分析仪（Distortion Analyzer）；

频谱分析仪（Spectrum Analyzer）；

网络分析仪（Network Analyzer）；

安捷伦函数信号发生器（Agilent Function Generator）；

安捷伦数字万用表（Agilent Multimeter）；

安捷伦示波器（Agilent Oscilloscope）；

泰克示波器（Tektronix Oscilloscope）；

LabVIEW 虚拟仪器（LabVIEW Instrument）；

动态测量探针（Dynamic Measurement Probe）。

虚拟仪器在使用时只需单击图标，将其拖动到电路编辑窗口即可。然后双击图标即可对仪器参数进行设置，使用极为简便。下面按图 4.5.1 中从左至右的顺序介绍 Multisim 仪表工具栏中的虚拟仿真仪器。

4.5.1　万用表（Multimeter）

万用表可用来测量交直流电压、电流、电阻以及两点间的分贝值，它是能够自动实现量程转换的数字式万用表。

数字万用表的图标如图 4.5.2（a）所示，双击后弹出如图 4.5.2（b）所示的控制面板。

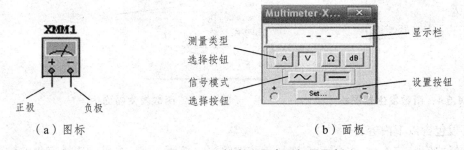

（a）图标　　　　　　　　　　　　　（b）面板

图 4.5.2　数字万用表图标及面板

控制面板包含以下内容：

显示栏：显示测得数据。

测量类型选择按钮：按下 A 按钮，选择电流测量；按下 V 按钮，选择电压测量；按下 Ω 按钮，选择电阻测量；按下 dB 按钮，选择分贝测量。

信号模式选择按钮：按下 ∿ 按钮，选择交流测量；按下 ━ 按钮，选择直流测量。

设置按钮：按下 SET 按钮，弹出如图 4.5.3 所示的参数设置对话框，通过此对话框，可以对电流表、电压表内阻、欧姆表电流以及电压、电流、电阻测量范围等参数进行设置。

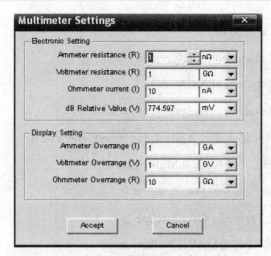

图 4.5.3　数字万用表参数设置

4.5.2　函数发生器（Function Generator）

函数发生器是一种用来提供包含正弦波、三角波和方波的电压源。它可以提供一种方便、实用的激励信号给电路。其波形的频率、幅度等均可自定义设置。函数发生器如图 4.5.4 所示，双击弹出控制面板，如图 4.5.5 所示。

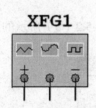

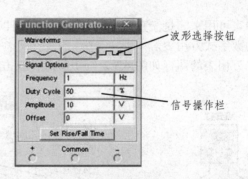

图 4.5.4　函数发生器图标　　　　　　　图 4.5.5　函数发生器面板

控制面板包含以下内容：

波形选择按钮：按下 ⌇⌇ 按钮，选择正弦波输出；按下 ⋀⋀ 按钮，选择三角波输出；按下 ⊓⊔ 按钮，选择方波输出。

信号操作栏：通过信号操作栏可以修改频率、占空比、幅值和反馈等参数，对于方波信号还可以设置上升时间和下降时间，如图 4.5.6 所示。

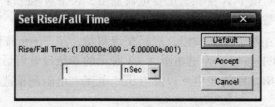

图 4.5.6　函数发生器参数设置

4.5.3 瓦特表（Wattmeter）

瓦特表用来测量交直流功率。瓦特表还可显示测量功率因数，即电路中的电压差和流过电流的乘积因子，因子值为该电压和该电流积的相位余弦值。瓦特表如图 4.5.7 所示，包括测量电压、电流输入端。双击图标弹出如图 4.5.8 所示的面板。

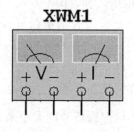

图 4.5.7 瓦特表图标

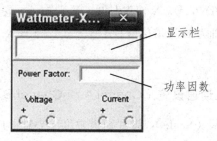

图 4.5.8 瓦特表面板

面板包含以下内容。
显示栏：显示测量功率。
功率因数显示栏：显示所测功率因数。

4.5.4 双通道示波器（Oscilloscope）

双通道示波器用来测量显示电压信号的波形，包括大小、频率等参数。双通道示波器如图 4.5.9 所示，"A、B"为两个测量信号输入通道；"G"为接地端，使用时需要接地；"T"为外部触发信号输入端，使用外部触发时，示波器需要设置为"Single"或"Normal"触发模式。双击图标弹出如图 4.5.10 所示的面板。

双通道示波器面板与实际示波器类似，具体设置如下：

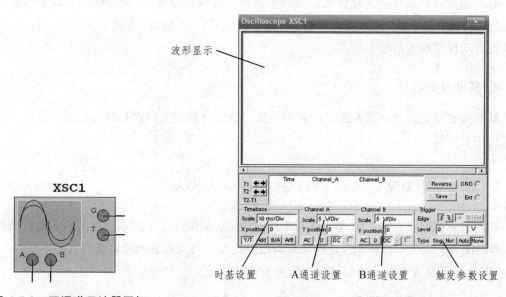

图 4.5.9 双通道示波器图标

图 4.5.10 双通道示波器面板

1. 时基设置（Timebase）

时间标尺（Scale）：设置时间轴的分度值，改变参数可使显示波形的水平压缩或伸展。

X 轴零点（X position）：改变参数，可使时间零点水平移动。

显示方式选择：示波器显示方式有 4 种，即 Y/T（幅度/时间）方式，X 轴为时间，Y 轴为幅值；ADD 方式，X 轴为时间，Y 轴为 A、B 通道输入电压之和；B/A 方式，X 轴为 A 通道信号，Y 轴为 B 通道信号；A/B 方式，与 B/A 方式相反，X 轴为 B 通道信号，Y 轴为 A 通道信号。

2. 输入通道设置（Chanel A 和 Chanel B）

幅度标尺（Scale）：设置通道幅度（Y 轴）的分度值，可根据信号的大小来选择。

Y 轴零点（Y position）：改变参数，可使 Y 轴零点垂直移动。

输入耦合方式选择：输入耦合方式选择有 3 种，即 AC 方式，选择此方式时，滤掉直流分量，显示交流分量；DC 方式，此时显示交直流混合信号；0 方式，在 Y 轴零点显示水平直线。

3. 触发参数设置（Trigger）

触发沿选择（Edge）：触发沿有 2 种，上升/下降沿触发。

触发源选择：触发源有 3 种，A/B 通道输入信号和外部触发（EXT）。

电平触发选择（Level）：可预先设定触发电平的大小，此项设置只适用于 Single 和 Normal 采样方式，当通道输入信号大于该值时才开始采样。

触发方式选择（Type）：触发方式有 3 种，"Single"方式表示单次触发方式，满足触发电平后，示波器只采样一次就停止，直到下一次触发脉冲到来；"Normal"方式表示普通触发，当满足触发电平后，示波器才刷新，开始下一次采样；"Auto"方式表示不需要触发信号，计算机自动提供触发信号。

4. 其他参数设置

其他参数设置包含波形参数测量显示设置、波形存储设置和背景颜色控制设置等，可参考其他相关资料。

4.5.5　四通道示波器（Four Channel Oscilloscope）

四通道示波器具有 A、B、C、D 四个输入通道，如图 4.5.11 所示。双击四通道示波器图标，弹出图 4.5.12 所示的面板。其连接和面板参数设置与双通道示波器类似，此处不再介绍。（注：该仪器不是所有版本的 Multisim 软件都有提供。）

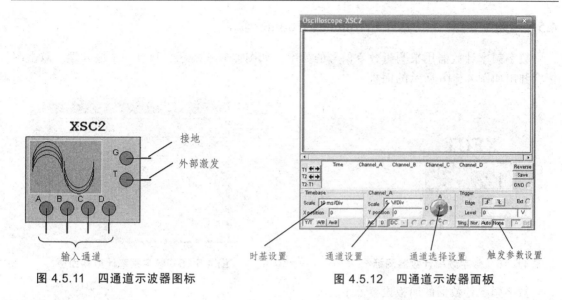

图 4.5.11　四通道示波器图标　　　　　　　　　　图 4.5.12　四通道示波器面板

4.5.6　波特图示仪

波特图示仪用来测量电路的幅频特性和相频特性。波特图示仪如图 4.5.13 所示，具有输入和输出 2 个端口，使用时必须接交流信号。双击图标弹出如图 4.5.14 所示的面板。

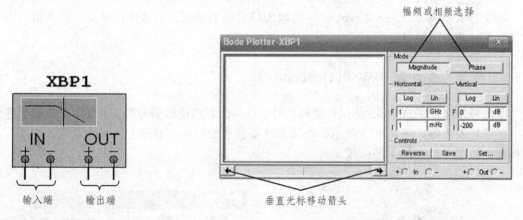

图 4.5.13　波特图示仪图标　　　　　　　　　　图 4.5.14　波特图示仪面板

波特图示仪面板具体设置如下：

方式选择（Model）：有幅频（Magnitude）和相频（Phase）两种方式。

坐标设置（Horizontal/Vertical）：在水平或垂直设置区，选择 Log 按钮表示坐标以对数形式显示，选择 Lin 按钮表示坐标以线性结果显示。水平坐标显示有两种，F 表示显示终值频率，I 表示显示初始频率。垂直坐标也包含两种，F 表示显示终值，I 表示显示初始值。

控制选择（Controls）：控制选择有 3 种：Reverse 按钮表示改变背景颜色；Save 按钮表示存储读数；单击设置按钮弹出相应的对话框，通过此对话框可设置求解点数，数值越大，分辨率越高。

除上述设置外，移动波特图仪垂直光标还可准确测量出波形曲线上各点的坐标值。

4.5.7　数字频率计数器（Frequency Counter）

数字频率计数器用来测量数字信号的频率，如图 4.5.15 所示，只有一个输入端。双击图标会弹出如图 4.5.16 所示的面板。

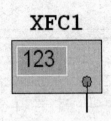

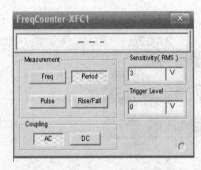

图 4.5.15　数字频率计数器图标　　　　　图 4.5.16　数字频率计数器面板

数字频率计数器的面板设置如下：

测量选择（Measurement）：有 4 个测量选择按钮：单击 Freq 按钮，测量频率；单击 Period 按钮，测量周期；单击 Pulse 按钮，测量脉冲持续时间；单击 Rise/Fail 按钮，测量脉冲上升/下降时间。

耦合方式选择（Coupling）：有交流耦合（AC）和直流耦合（DC）两种方式。

灵敏度选项（Sensitivity）：左边输入灵敏度数值，右边选择单位。

触发电平选项（Trigger Level）：左边输入触发电平数值，右边选择单位。输入信号大于触发电平时才能测量。

4.5.8　字信号发生器（Word Generator）

字信号发生器能产生 32 路同步逻辑信号，是一个多路逻辑信号源，主要用于逻辑电路测试。字信号发生器如图 4.5.17 所示，R 端为准备就绪输出端，T 端为外部触发输入端。双击图标弹出如图 4.5.18 所示的面板。

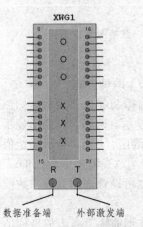

图 4.5.17　字信号发生器图标　　　　　图 4.5.18　字信号发生器面板

字信号发生器面板设置如下：

控制选择（Controls）：有 4 个控制选择按钮，单击 Cycle 按钮，在初始值与终止值间循环输出；单击 Burst 按钮，从起始位开始，到终止位结束；单击 Step 按钮，一次输出一条字信号；单击 Set 按钮，弹出如图 4.5.19 所示的对话框，通过此对话框，可以设置字信号发生器的预置参数（Pro_set Patterns）、显示形式（Display Type）、地址选项等参数。

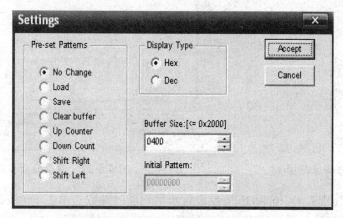

图 4.5.19　字信号发生器设置

显示选择（Display）：可选择十六进制（Hex）、十进制（Dec）、二进制（Binary）和 ASCII 码。

触发方式选择（Trigger）：有 4 个触发方式选择按钮：单击 Internal 按钮，选择内部触发方式；单击 External 按钮，选择外部触发方式；单击 ⌐ 按钮，选择上升沿触发方式；单击 ⌐ 按钮，选择下降沿触发。

频率选项（Frequency）：输入字信号时钟频率大小。

除上述设置外，面板上还有字信号显示区，位于右侧。32 位字信号以相应的显示形式显示在该区。单击其中一条字信号可实现字信号的改写和定位，单击右键可设置断点、删除断点，设置初值和终值。

4.5.9　逻辑分析仪（Logic Analyzer）

逻辑分析仪用于对时序逻辑信号的时序进行分析，可同步显示记录 16 路数字信号。逻辑分析仪如图 4.5.20 所示，具有 16 路数字信号输入端，"C" 端为外接时钟端，"Q" 端为时钟输入控制端，"T" 外部触发输入端。双击图标弹出如图 4.5.21 所示的面板。

逻辑分析仪面板设置如下：

功能按钮区：有 3 个功能按钮。单击 Stop 按钮，停止仿真；单击 Reset 按钮，重置电路，重新仿真；单击 Reverse 按钮，背景反色。

波形显示区：显示各输入数字时序信号波形，最多可显示 16 路数字信号。通过光标可测量输入信号周期并显示。

波形参数显示区：显示 2 个光标测量的参数，"T1" 栏显示光标 1 的时间；"T2" 栏显示光标的时间；"T1 – T2" 栏显示两者之差。

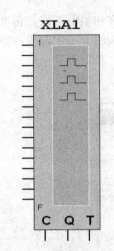

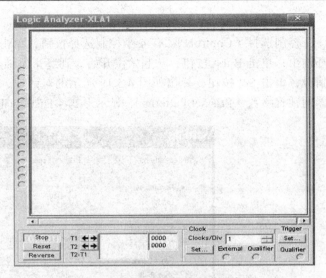

图 4.5.20　逻辑分析仪图标　　　　　　图 4.5.21　逻辑分析仪面板

时钟选项（Clock）："Clock/Div"栏设置水平刻度时钟数；单击 Set 按钮弹出如图 4.5.22 所示的对话框。通过此对话框可以设置时钟源（Clock）、时钟频率（Clock Rate）和采样设置（Sampling Setting）等参数。

触发方式设置（Trigger）：单击 Set 按钮，弹出如图 4.5.23 所示的对话框，通过此对话框可设置时钟沿触发方式（Trigger）、触发校验（Trigger Qualifier）和触发模式（Trigger Patterns）等参数。

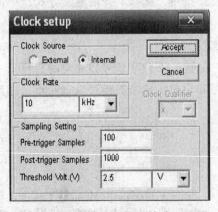

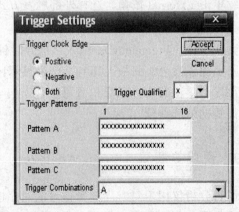

图 4.5.22　逻辑分析仪时钟选项设置　　　图 4.5.23　逻辑分析仪触发设置

4.5.10　伏安特性分析仪（IV-Analysis）

伏安特性分析仪主要用于测量半导体器件，如二极管、三极管和场效应管的伏安特性。伏安特性分析仪如图 4.5.24 所示，双击图标弹出如图 4.5.25 所示的面板。

伏安特性分析仪面板设置如下：

元件类型选择（Component）：有"Diode"、"BJT PNP"、"BJT NPN"、"NMOS"和"PMOS"4 种元件类型。

显示参数设置（Current Range/Voltage Range）：电压/电流范围设置均有对数和线性坐标2 种方式，其中，"F"栏表示电压/电流终止值，"I"栏表示电压/电流初始值，调节参数可设置显示范围。

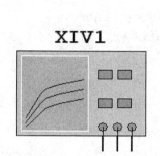

图 4.5.24　伏安特性分析仪图标　　　　　　　图 4.5.25　伏安特性分析仪面板

仿真参数设置（Sim_Param）：单击 Sim_Param 按钮，弹出仿真参数设置对话框。选择元件类型不同，对话框可设置的参数也不相同。通过这些对话框可对仿真参数进行设置，此处不做详细介绍。

伏安特性分析仪面板右下方为接线方式显示，选择不同的器件，连接方式会发生改变。图 4.5.25 所示为分析二极管伏安特性时的连接方式。

4.5.11　失真分析仪（Distortion Analysis）

失真分析仪是用来分析电路谐波失真和信噪比的仪器。失真分析仪如图 4.5.26 所示，只有一个输入信号端。双击图标弹出如图 4.5.27 所示的面板。

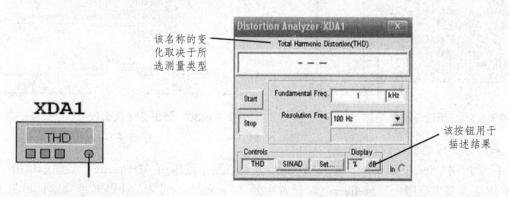

图 4.5.26　失真分析仪图标　　　　　　　图 4.5.27　失真分析仪面板

失真分析仪面板设置如下：

测量数据显示区：用来显示测量数据，可用百分比或分贝数来表示。

　　启动/停止区：单击"Start"按钮开始测试；单击"Stop"按钮停止测试。

　　参数设置区：包括基频设置栏（Fundamental Freq）和频率精度设置栏（Resolution Freq）。频率精度最小值为基频的 1/10。

　　控制设置（Controls）：单击 THD 按钮，测试总谐波失真；单击 SINAD 按钮，测试信噪比；单击设置按钮，弹出如图 4.5.28 所示的对话框，通过此对话框可设置总谐波失真定义（THD Definition）、谐波次数（Harmonic Num）和 FFT 分析点（FFT Points）。

该选项至适用于THD,设置该项定义常用于计算THD
（IEEE标准界定该选项在ANDI和IEC之间变换）

图 4.5.28　失真分析仪参数设置面板

4.5.12　频谱分析仪（Spectrum Analysis）

　　频谱分析仪用来分析高频信号的频域特性，主要用于高频电路。频谱分析仪如图 4.5.29 所示，有一个信号输入端（IN）和外部触发端（T）。双击图标弹出如图 4.5.30 所示的控制面板。

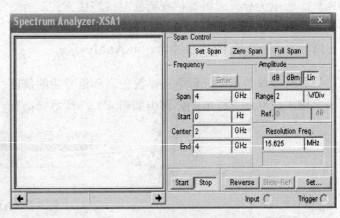

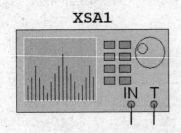

图 4.5.29　频谱分析仪图标　　　　　　　　图 4.5.30　频谱分析仪面板

　　频谱分析仪面板设置如下：

　　跨度控制（Span Control）：单击 Set Span 按钮，频率范围由"Frequency"设置；单击 Zero Span 按钮，频率范围由"Frequency"设置中的"Center"栏设置的中心频率确定；单击 Full Span 按钮，频率范围为 0 ~ 4D Hz，"Frequency"设置参数无效。

　　频率设置（Frequency）："Span"栏设置频率变化范围；"Start"栏设置起始频率；"Center"栏设置中心频率；"End"栏设置终值频率。

纵轴设定（Amplitude）：选择纵坐标和刻度，选择"dB"按钮时，纵坐标单位为分贝；选择"dBm"按钮时单位为 10lg（V/0.775）；选择"Lin"按钮时为线性单位；"Range"栏为纵坐标分度值大小；"Ref"栏为纵坐标参考值。

频率分辨率（Resolution Freq）：设置频率分辨率。

控制选项区：单击"Start"按钮开始分析；单击"Stop"按钮停止分析；单击"Reverse"按钮背景反色；单击"Set"按钮弹出如图 4.5.31 所示的对话框，通过此对话框可以设置触发源（Trigger Source）、触发模式（Trigger Mode）、阈值电压（Threshold Volt）和 FFT 点（FFT Points）。

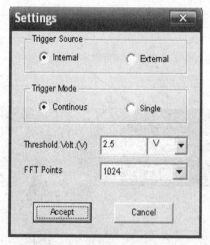

图 4.5.31　频谱分析仪设置

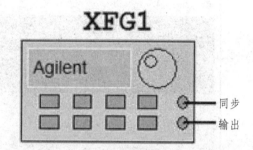

图 4.5.32　安捷伦信号发生器图标

4.5.13　安捷伦信号发生器（Agilent Function Generator）

安捷伦信号发生器不是每个版本的 Multisim 软件都提供的。Agilent33120A 技术是一个能构建任意波形的高性能合成信号发生器。其用户手册可从 www. electronicsworkbench. com 网站中查阅。安捷伦信号发生器图标如图 4.5.32 所示。双击图标打开其面板，如图 4.5.33 所示。

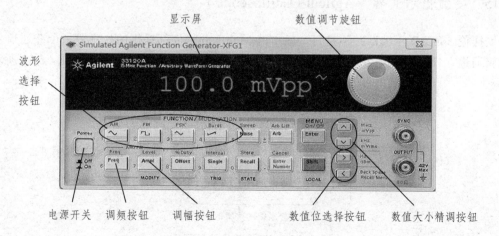

图 4.5.33　安捷伦信号发生器面板

4.5.14　安捷伦万用表（Agilent Multimeter）

安捷伦 34401A 万用表是一个高性能的数字式万用表。其图标如图 4.5.34 所示，双击图标可打开其使用面板，如图 4.5.35 所示。

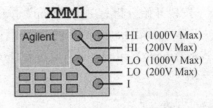

图 4.5.34　安捷伦万用表图标

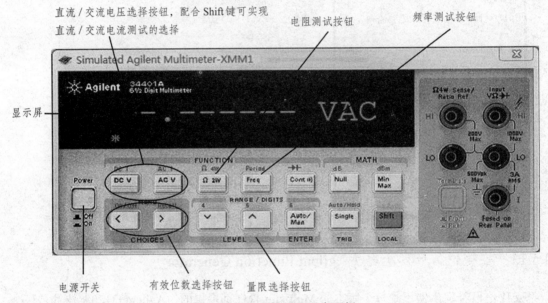

图 4.5.35　安捷伦万用表面板

4.5.15　安捷伦示波器（Agilent Oscilloscope）

安捷伦 54622D 示波器并不是每个版本的 Multisim 软件都提供的。它是一个 2 通道 + 16 个逻辑通道、100 MHz 宽带的示波器。其图标如图 4.5.36 所示，使用面板如图 4.5.37 所示。

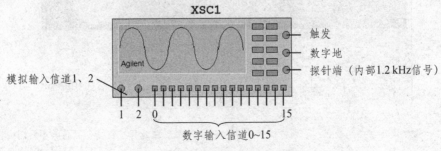

图 4.5.36　安捷伦示波器图标

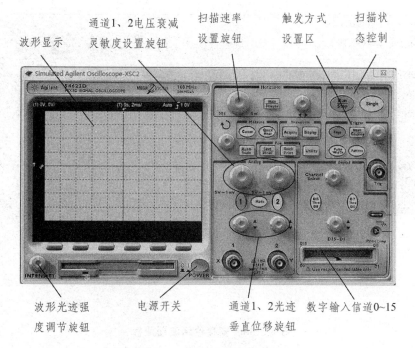

通道1、2电压衰减　扫描速率　　触发方式　扫描状
波形显示　灵敏度设置旋钮　设置旋钮　　设置区　　态控制

波形光迹强　　　电源开关　　通道1、2光迹　数字输入信道0~15
度调节旋钮　　　　　　　　　垂直位移旋钮

图 4.5.37　安捷伦示波器面板

4.5.16　泰克示波器（Tektronix Oscilloscope）

这个仪表同样不是每个版本的 Multisim 软件中都提供的。泰克 TDS2024 示波器是一个 4 通道、200 MHz 的示波器，其图标如图 4.5.38 所示，其面板如图 4.5.39 所示。

除以上虚拟仿真仪器外，还有逻辑转换器、网络分析仪和动态测量探针，此处不再介绍，如有需要，可查阅在线技术帮助和使用指导。

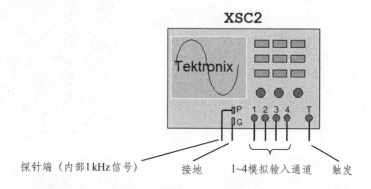

探针端（内部1kHz信号）　　接地　　1~4模拟输入通道　触发

图 4.5.38　泰克示波器图标

波形显示　各通道的开关 各通道垂直位移调节旋钮　　触发方式设置区　　　水平位移调节旋钮

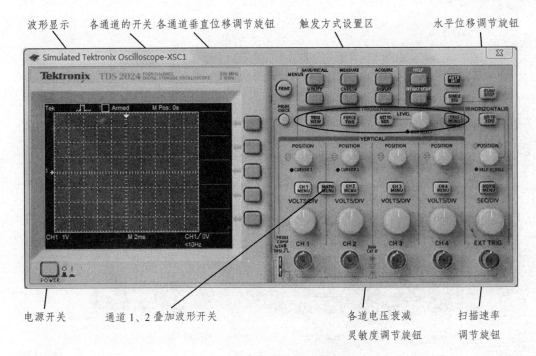

电源开关　　　通道 1、2 叠加波形开关　　　　　　　各道电压衰减　　扫描速率
　　　　　　　　　　　　　　　　　　　　　　　　　　灵敏度调节旋钮　调节旋钮

图 4.5.39　安捷伦示波器面板

第5章 常用仪器仪表说明

5.1 全自动数字交流毫伏表

5.1.1 主要技术参数

本系列毫伏表采用单片机控制技术，集模拟与数字技术于一体，是一种通用型智能化的全自动数字交流毫伏表。适用于测量频率 5 Hz ~ 2 MHz，电压 100 μV ~ 300 V 的正弦波有效值电压。具有测量精度高、测量速度快、输入阻抗高、频率影响误差小等优点。具备自动/手动测量功能，同时显示电压值、dB/dBm 值，以及量程、通道状态，显示清晰直观，使用方便。

其技术参数为：

交流电压测量范围：100 μV ~ 300 V。

dB 测量范围：– 80 ~ 50 dB（0 dB=1 V）。

dBm 测量范围：– 77 ~ 52 dBm（0 dBm=1 mW 600 Ω）。

量程：4 mV、40 mV、400 mV、4 V、40 V、400 V。

频率范围：5 Hz ~ 3 MHz。

电压测量误差（以 1 kHz 为基准，20 ℃ 环境温度下）：

50 Hz ~ 100 kHz	±1.5%读数 ±8 个字；
20 Hz ~ 500 kHz	±2.5%读数 ±10 个字；
5 Hz ~ 3 MHz	±4.0%读数 ±20 个字。

dB 测量误差：±1 个字。

dBm 测量误差：±1 个字。

输入电阻：10 MΩ。

输入电容：不大于 30 pF。

5.1.2 面板控件说明

1. 前面板控件说明

前面板如图 5.1.1 所示。

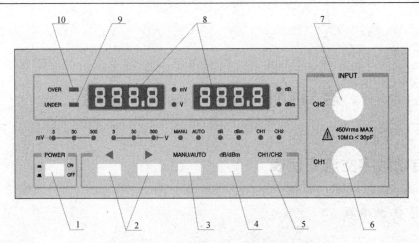

图 5.1.1　全自动数字交流毫伏表前面板

1——POWER，电源开关；

2——量程切换按键，用于手动测量时量程的切换；

3——AUTO/MANU，自动/手动测量选择按键；

4——dB/dBm，用于显示 dB/dBm 选择按键；

5——CH1/CH2，用于 CH1/CH2 测量选择按键；

6——CH1，被测信号输入通道 1；

7——CH2，被测信号输入通道 2；

8——用于显示当前的测量通道实测输入信号电压值，dB 或 dBm 值；

9——UNDER 欠量程指示灯，当手动或自动测量方式时，读数低于 300 时该指示灯闪烁；

10——OVER 过量程指示灯，当手动或自动测量方式时，读数超过 3999 时该指示灯闪烁，
参数显示窗口。

2. 后面板控件说明

后面板如图 5.1.2 所示。

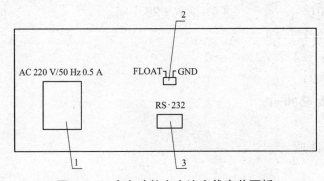

图 5.1.2　全自动数字交流毫伏表前面板

1——交流电源输入插座，用于 220 V 电源的输入；

2——FLOAT/GND，用于测量时选择输入信号地是浮置还是接机箱外壳地；

3——RS-232，用作 RS-232 通信时的接口端。

5.1.3 使用说明

（1）打开电源开关，将仪器预热 15 ~ 30 min。

（2）电源开启后，仪器进入产品提示和自检状态，自检通过后即进入测量状态。

（3）在仪器进入测量状态后，仪器处于 CH1 输入，手动量程 300 V 挡，有电压和 dB 的显示。当采用手动测量方式时，在加入信号前请先选择合适量程。

（4）在使用过程中，两个通道均能保持各自的测量方式和测量量程，因此选择测量通道时不会更改原通道的设置。

（5）当仪器设置为自动测量方式时，仪器能根据被测信号的大小自动选择测量量程，同时允许手动方式干预量程选择。当仪器在自动方式下且量程处于 300 V 挡时，若 OVER 灯亮表示过量程，此时，电压显示为 HHHH V，dB 显示为 HHHH dB，表示输入信号过大，超过了仪器的使用范围。

（6）当仪器设置为手动方式时，用户可根据仪器的提示设置量程。若 OVER 灯亮表示过量程，此时电压显示 HHHH V，dB 显示为 HHHH dB，应手动切换到较大的量程。当 UNDER 灯亮时，表示测量欠量程，用户应切换到较小的量程测量。

（7）当仪器设置为手动测量方式时，在输入端加入被测信号后，只要量程选择恰当，读数能马上显示出来。当仪器设置为自动测量方式时，由于要进行量程的自动判断，读数显示略慢于手动测量方式。在自动测量方式下，允许用手动量程设置按键设置量程。

（8）当使用通信方式时，应先在计算机上安装随机所携带的安装光盘，然后将仪器和计算机用随机配送的通信线连接，在界面程序上设置好通信端口，即可进行仪器和计算机之间的双向控制和测量。

（9）通信过程中，计算机通信界面上会随时显示接收状态。若接收计数停止，表示通信因故中断。

5.1.4 注意事项

（1）仪器应放在干燥及通风的地方，并保持清洁，久置不用时应罩上塑料套。

（2）仪器使用 220 V、50 Hz 的交流电，应注意电压不应过高或过低。

（3）仪器在使用过程中不应进行频繁的开机和关机，关机后重新开机的时间间隔应大于 5 s 以上。

（4）仪器在开机或使用过程中若出现死机现象，请先关机后然后再开机检查。

（5）仪器在使用过程中，请不要长时间输入过量程电压。

（6）仪器在自动测量过程中，进行量程切换时会出现瞬态的过量程现象，此时只要输入电压不超过最大量程，片刻后读数即可稳定下来。

（7）仪器在通信程中若出现通信中断，且在短时间内不能自动连接，请重新启动计算机通信程序。

（8）本仪器属于测量仪器，非专业人员不得进行拆卸、维修和校正，以免影响其测量精度。

5.2　DF1701S 系列可调式直流稳压、稳流电源使用说明

5.2.1　概　述

　　DF1701S 系列为一种 3 输出的直流稳定电源，面板上每路可调电源用一组带背光的 LCD 显示，通过开关选择所指示电源的输出电压或输出电流值，具有稳压与稳流自动转换功能，其电路由调整管功率损耗控制电路、运算放大器和带有温度补偿的基准稳压器等组成。因此，电路稳定可靠，电源输出电压调整范围 0 ~ 30 V（不同型号参数有所不同）。在稳流状态时，稳流输出电流在 0 ~ 3 A 连续可调。在双路输出时两路可调电源间可以任意进行串联或并联，在串联和并联的同时又可由一路主电源进行电压或电流（并联时）跟踪。串联时最高输出电压可达两路电压额定值之和，并联时最大输出电流可达两路电流额定值之和。两组电源均具有可靠的过载保护功能，输出过载或短路都不会损坏电源。

5.2.2　主要技术指标

　　（1）输入电压：AC 220 $^{+22}_{-11}$ V，（50 ± 2）Hz。
　　（2）双路可调整电源：
　　① 额定输出电压范围：0 ~ 30 V（不同型号参数有所不同）。
　　② 额定输出电流范围：0 ~ 3 A（不同型号参数有所不同）。
　　③ 保护：电流限制保护，并能自动恢复。
　　④ 三位半数字电压表和电流表，精度：±1%，±2 个字。
　　⑤ 其他：双路电源可进行串联和并联，串、并联时可由一路主电源进行输出电压调节，此时从电源输出的电压严格跟踪主电源输出电压值。并联稳流时也可由主电源调节稳流输出电流，此时从电源输出的电流严格跟踪主电源输出的电流值。纹波与噪声：CV ≤ 1 mV（rms），
　　（3）工作时间：可 8 h 连续工作。

5.2.3　工作原理

　　可调电源由整流滤波电路，辅助电源电路，基准电压电路，稳压、稳流比较放大电路，调整电路及稳压稳流取样电路等组成。其方框图如图 5.2.1 所示。

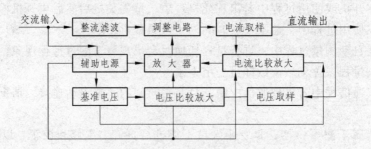

图 5.2.1　可调电源原理方框图

当输出电压由于电源电压或负载电流的变化引起变动时，变动的信号经稳压取样电路与基准电压相比较，所得误差信号再经比较放大器放大后，由放大电路控制调整管将输出电压调整为给定值。因为比较放大器由集成运算放大器组成，增益很高，因此，输出端有微小的电压变动，也能得到调整，以达到高稳定输出的目的。

稳流调节与稳压调节基本一样，因此同样具有高稳定性。本电源电压、电流采用 LCD 显示，因此可以适时对各路输出的电压、电流值进行观察。

5.2.4　使用方法

面板排列如图 5.2.2 所示。

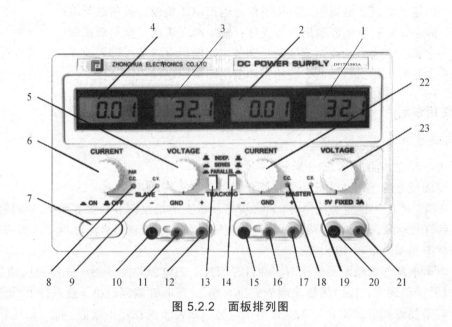

图 5.2.2　面板排列图

1. 图 5.2.2 面板各控制件的作用

1——数字电表：指示主路输出电压值；

2——数字电表：指示主路输出电流值；

3——数字电表：批示从路输出电压值；

4——数字电表：指示从路输出电流值；

5——从路稳压输出电压调节旋钮：调节从路输出电压值；

6——从路稳流输出电流调节旋钮：调节从路输出电流值（即限流保护点调节）；

7——电源开关：当此电源开关被置于"ON"（即开关被按下时），机器处于"开"状态，此时稳压指示灯亮或稳流指示灯亮，反之，机器处于"关"状态（即开关弹起时）；

8——从路稳流状态或两路电源并联状态指示灯：当从路电源处于稳流工作状态或两路电源处于并联状态时，此指示灯亮；

9——从路稳压状态指示灯：当从路电源处于稳压工作状态时，此指示灯亮；

10——从路直流输出负接线柱：输出电压的负极，接负载负端；

11——机壳接地端：机壳接大地端；

12——从路直流输出正接线柱：输出电压的正极，接负载正端；

13——两路电源独立、串联、并联控制开关；

14——两路电源独立、串联、并联控制开关；

15——主路直流输出负接线柱：输出电压的负极，接负载负端；

16——机壳接地端：机壳接大地端；

17——主路直流输出正接线柱：输出电压的正极，接负载正端；

18——主路稳流状态指示灯：当主路电源处于稳流工作状态时，此指示灯亮；

19——主路稳压状态指示灯：当主路电源处于稳压工作状态时，此指示灯亮；

20——固定 5 V 直流电源输出负接线柱：输出电压负极，接负载负端；

21——固定 5 V 直流电源输出正接线柱：输出电压正极，接负载正端；

22——主路稳流输出电流调节旋钮：调节主路输出电流值（即限流保护点调节）；

23——主路稳压输出电压调节旋钮：调节主路输出电压值。

2. 使用说明

1）可调电源独立使用

各开关、旋钮如面板图 5.2.2 所示。

（1）将面板上的 13 和 14 开关分别置于弹起位置（即 ■ 位置）。

（2）可调电源作为稳压源使用时，首先应将面板上的稳流调节旋钮 6 和 22 顺时针调节到最大，然后打开电源开关 7，并调节电压调节旋钮 5 和 23，使输出直流电压至需要的电压值，此时稳压状态指示灯 9 和 19 发光。

（3）可调电源作为稳流源使用时，在打开面板上的电源开关 7 后，先将稳压调节旋钮 5 和 23 顺时针调到最大，同时将稳流调节旋钮 6 和 22 反时针调到最小，然后接上所需负载，再顺时针调节稳流调节旋钮 6 和 22，使输出电流至所需要的稳定电流值。此时稳压状态指示灯 9 和 19 熄灭，稳流状态指示灯 8 和 18 发光。

（4）在作为稳压源使用时，面板上的稳流电流调节旋钮 6 和 22 一般应该调至最大，但是本电源也可以任意设定限流保护点。设定办法是，打开电源，反时针将稳流调节旋钮 6 和 22 调到最小，然后接上负载，并顺时针调节稳流调节旋钮 6 和 22，使输出电流等于所要求的限流保护点的电流值，此时限流保护点就被设定好了。

（5）若电源只带一路负载时，为延长机器的使用寿命，减少功率管的发热量，请将负载接在主路电源上。

2）双路可调电源串联使用

（1）将面板上的 13 开关按下（即 ■ 位置），14 开关置于弹起（即 ■ 位置），此时调节主电源电压调节旋钮 23，从路的输出电压严格跟踪主路输出电压。使输出电压最高可达两路电流的额定值之和（即端子 10 和 17 之间的电压）。

（2）在两路电源串联以前应先检查主路和从路电源的负端是否有连接片与接地端相连，

如有则应将其断开，否则在两路电源串联时会造成从路电源短路。

（3）在两路电源处于串联状态时，两路的输出电压由主路控制，但是两路的电流调节仍然是独立的。因此，在两路串联时应注意面板上电流调节旋钮 6 的位置，如旋钮 6 在反时针到底的位置或从路输出电流超过限流保护点，则从路的输出电压将不再跟踪主路的输出电压。所以一般两路串联时应将旋钮 6 顺时针旋到最大。

（4）在两路电源串联时，如有功率输出，则应用与输出功率相对应的导线将主路的负端和从路的正端可靠短接。因为机器内部是通过一个开关短接的，所以当有功率输出时短接开关将通过输出电流。长此下去对提高整机的可靠性没有帮助。

3）双路可调电源并联使用

（1）将面板上的 13 开关按下（即▄▄位置），14 开关也按下（即▄▄位置），此时两路电源并联，调节主电源电压调节旋钮 23，两路输出电压一样。同时从路稳流指示灯 8 发光。

（2）在两路电源处于并联状态时，从路电源的稳流调节面板上的旋钮 6 不起作用。当电源作稳流源使用时，只需调节主路的稳流调节旋钮 22，此时主、从路的输出电流均受其控制且值相同。其输出电流最大可达两路输出电流之和。

（3）在两路电源并联时，如有功率输出，则应用与输出功率对应的导线分别将主、从电源的正端和正端、负端和负端可靠短接，以使负载可靠地接在两路输出的输出端子上。否则，若将负载只接在一路电源的输出端子上，将有可能造成两路电源输出电流的不平衡，同时也有可能造成串并联开关的损坏。

本电源的输出指示为三位半，如果要想得到更精确的值，需在外电路用更精密的测量仪器校准。

5.2.5　注意事项

（1）本电源设有完善的保护功能。

两路可调电源具有限流保护和短路保护功能，由于电路中设置了调整管功率损耗控制电路，因此，当输出发生过载现象时，大功率调整管上的功率损耗并不是很大，完全不会对本电源造成任何损坏。但是过载时本电源仍有功率损耗，为了减少不必要的机器老化和能源消耗，应尽早发现并关掉电源，将故障排除。

（2）输出空载时限流电位器逆时针旋足（调为 0 时），电源即进入非工作状态，其输出端可能有 1 V 左右的电压显示，这属于正常现象，非电源的故障。

（3）使用完毕后，请将电源放在干燥通风的地方，并保持清洁，若长期不使用，应将电源插头拔下后再存放。

（4）对稳定电源进行维修时，必须将输入电源断开。

（5）因电源使用不当或使用环境异常及机内元器件失效等均可能引起电源故障。当电源发生故障时，输出电压有可能超过额定输出最高电压，使用时请务必注意！谨防造成不必要的负载损坏。

（6）三芯电源线的保护接地端必须可靠接地，以确保使用安全！

5.3　DF1405 系列函数/任意波形发生器操作简介

5.3.1　主要特性

DF1405 系列函数/任意波形发生器的主要特性包括：

（1）60 MHz（或 25 MHz）的正弦波输出，全频段 1 μHz 的分辨率。

（2）25 MHz（或 5 MHz）的脉冲波形，上升、下降及占空比时间可调。

（3）250 MS/s（或 125 MS/s）采样速度和 14 bit 垂直分辨率。

（4）兼容 TTL 电平信号的 6 位高精度频率计。

（5）标配等性能双通道，且具有通道独立输出模式。

（6）1 M 点（或 8 K 点）任意波存储器，48 个非易失波形存储。

（7）丰富的调制类型：AM、FM、PM、ASK、FSK、PSK、PWM 等。

（8）功能强大的上位机软件。

（9）4.3″ 高分辨率 TFT 彩色液晶显示。

（10）标准配置接口：USB Host，USB Device，选配 LAN 口。

（11）双通道可分别或同时：内部/外部调制、内部/外部/手动触发。

（12）支持频率扫描和脉冲串输出。

（13）易用的多功能旋钮和数字小键盘。

5.3.2　面板和按键介绍

1.　前面板

前面板如图 5.3.1 所示。

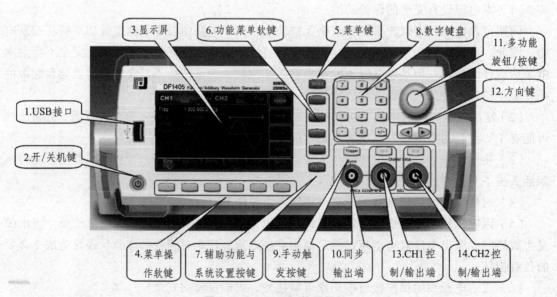

图 5.3.1　DF140 前面板图

1）USB 接口

本仪器支持 FAT16、FAT32 格式的 U 盘。通过 USB 接口可以读取已存入 U 盘中的任意波形数据文件，存储或读取仪器当前状态文件。

2）开/关机键

开/关机键用于启动或关闭仪器。按此键背光灯亮（橙色），随后显示屏显示开机界面后再进入功能界面。为防止意外碰到开/关机键而关闭仪器，必须长按开/关机键约 500 ms 来关闭仪器。关闭仪器后按键背光和屏幕同时熄灭。

注意：开/关机键在仪器正常通电且后面板上的电源开关置"I"情况下有效。要关闭仪器 AC 电源，请将后面板上的电源开关置"O"或拔出电源线。

3）显示屏

4.3″ 高分辨率 TFT 彩色液晶显示屏通过色调的不同区分通道 1 和通道 2 的输出状态、功能菜单和其他重要信息，并通过系统界面使人机交互变得更简捷。

4）菜单操作软键

通过软键标签的标识可对应地选择或查看标签（位于功能界面的下方）的内容，配合数字键盘或多功能旋钮或方向键对参数进行设置。

5）菜单键

通过按菜单键弹出四个功能标签：波形、调制、扫频、脉冲串，按对应的功能菜单软键可获得相应的功能。

6）功能菜单软键

通过软键标签的标识对应地选择或查看标签（位于功能界面的右方）的内容。

7）辅助功能与系统设置按键

通过按此按键可弹出四个功能标签：通道一设置、通道二设置、I/O（或频率计）、系统，高亮显示（标签的正中央为灰色并且字体为纯白色）的标签在屏幕下方有对应的子标签，子标签更详细地描述了屏幕右方功能标签的内容，可按对应的菜单操作软键来获得相应的信息或设置，如设置通道（如输出阻抗设置：1 Ω 至 10 kΩ 可调，或者高阻）、指定电压限值、配置同步输出、语言选择、开机参数、背光亮度调节、DHCP（动态主机配置协议）端口配置、存储和调用仪器状态、设置系统相关信息、查看帮助主题列表等。

8）数字键盘

数字键盘用于输入所需参数的数字键 0 至 9、小数点"."、符号键"+/ –"。小数点"."可以快速切换单位，左方向键可退格并清除当前输入的前一位。

9）手动触发按键

手动触发按键用于设置触发，闪烁时执行手动触发。

10）同步输出端

同步输出端输出所有标准输出功能（DC 和噪声除外）的同步信号，可正常输出。

11）多功能旋钮/按键

旋转多功能旋钮可改变数字（顺时针旋转数字增大）或作为方向键使用，按多功能旋钮可选择功能或确定设置的参数。

12）方向键

方向键配合多功能旋钮设置参数，用于切换数字的位或清除当前输入的前一位数字或移动（向左或向右）光标的位置。

13）CH1 控制/输出端

CH1 控制/输出端用于快速切换屏幕上显示的当前通道（CH1 信息标签高亮表示为当前通道，此时参数列表显示通道 1 相关信息，以便对通道 1 的波形参数进行设置）。若通道 1 为当前通道（CH1 信息标签高亮），可通过按 CH1 键快速关闭通道 1 输出，也可以通过按 Utility 键弹出标签后再按通道一设置软键来设置。通道 1 开启时，CH1 键背光灯亮，在 CH1 信息标签的右方会显示当前输出的功能模式（"波形形状"或"调制"字样或"扫频"字样或"脉冲串"字样），同时 CH1 输出端输出信号。通道 1 关闭时，CH1 键背光灯灭，在 CH1 信息标签的右方会显示"关"字样，同时关闭 CH1 输出端。

14）CH2 控制/输出端

CH2 控制/输出端用于快速切换在屏幕上显示的当前通道（CH2 信息标签高亮表示为当前通道，此时参数列表显示通道 2 相关信息，以便对通道 2 的波形参数进行设置）。若通道 2 为当前通道（CH2 信息标签高亮），可通过按 CH2 键快速关闭通道 2 输出，也可以通过按 Utility 键弹出标签后再按通道二设置软键来设置。通道 2 开启时，CH2 键背光灯亮，在 CH2 信息标签的右方会显示当前输出的功能模式（"波形形状"或"调制"字样或"扫频"字样或"脉冲串"字样），同时 CH2 输出端输出信号，通道 2 关闭时，CH2 键背光灯灭，在 CH2 信息标签的右方会显示"关"字样，同时关闭 CH2 输出端。

2. 后面板

后面板如图 5.3.2 所示。

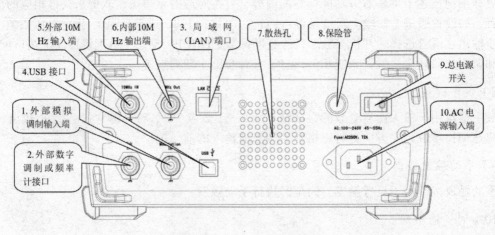

图 5.3.2　DF140 后面板图

1）外部模拟调制输入端

在 AM、FM、PM 或 PWM 信号调制时，当调制源选择外部时，通过外部模拟调制输入端输入调制信号，对应的调制深度、频率偏差、相位偏差或占空比偏差由外部模拟调制输入端的 ±5 V 信号电平控制。

2）外部数字调制或频率计接口

在 ASK、FSK、PSK 信号调制时，当调制源选择外部时，通过外部数字调制接口输入调制信号，对应的输出幅度、输出频率、输出相位由外部数字调制接口的信号电平决定。当频率扫描或脉冲串的触发源选择外部时，通过外部数字调制接口接收一个具有指定极性的 TTL 脉冲，此脉冲可以启动扫描或输出指定循环数的脉冲串。脉冲串模式类型为门控时，通过外部数字调制接口输入门控信号。使用频率计功能时，通过此接口输入信号（兼容 TTL 电平）。还可以对频率扫描或脉冲串进行触发信号的输出（当触发源选择外部时，参数列表中会隐藏触发输出选项，因为外部数字调制接口不可能同时用于输入和输出）。

3）局域网（LAN）端口

局域网（LAN）端口可以将此仪器连接至局域网，以实现远程控制。

4）USB 接口

通过此 USB 接口来与上位机软件连接，实现计算机对本仪器的控制（如对系统程序进行升级，以确保当前函数/任意波形发生器的程序为本公司最新发布的程序版本）。

5）外部 10 MHz 输入端

通过外部 10 MHz 输入端可实现多个 DF1405 函数/任意波形发生器之间的同步或与外部 10 MHz 时钟信号的同步。当仪器时钟源选择外部时，外部 10 MHz 输入端接收一个来自外部的 10MHz 时钟信号。

6）内部 10 MHz 输出端

通过内部 10 MHz 输出端可实现多个 DF1405 函数/任意波形发生器之间建立同步，或向外部输出参考频率为 10 MHz 的时钟信号。当仪器时钟源选择内部时，内部 10 MHz 输出端输出一个来自内部的 10 MHz 时钟信号。

7）散热孔

为确保仪器有良好的散热，请不要堵住这些小孔。

8）保险管

仪器遭到雷击或使用时间太久某元件损坏时，有可能引起电源板电流过大，当 AC 输入电流超过 2 A 时，保险管会熔断来切断 AC 输入，避免给仪器带来灾难性的故障。

9）总电源开关

总电源开关置"I"时，给仪器通电；置"O"时，断开 AC 输入（前面板的开/关机键不起作用）。

10）AC 电源输入端

本函数/任意波形发生器支持的交流电源规格为：100 ~ 240 V，45 ~ 440 Hz，电源保险丝：250 V，T2 A。

3. 功能界面

功能界面如图 5.3.3 所示：

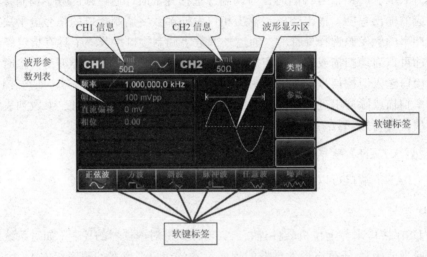

图 5.3.3　功能界面图

1）CH1 信息

高亮显示（标签的正中央显示红色）时表示显示屏只显示通道 1 的信息，可对此通道进行参数设置。非高亮显示时不能对此通道进行参数设置，可按 CH1 按键来快速切换。在标签中央的上方有一个"Limit"标识，它表示输出幅度限制，白色有效，灰色为无效。标签中央的下方会显示输出端要匹配的阻抗（1 Ω 至 10 kΩ 可调，或为高阻，出厂默认为 50 Ω）。标签右边会显示当前有效的波形（"波形形状"或"调制"字样或"扫频"字样或"脉冲串"字样）或灰色的"关"字样（表示已关闭通道的输出端）。

2）CH2 信息

高亮显示（标签的正中央显示天蓝色）时表示显示屏只显示通道二的信息，可对此通道进行参数设置。非高亮显示时不能对此通道进行参数设置，可按 CH2 按键来快速切换。在标签中央的上方有一个"Limit"标识，它表示输出幅度限制，白色为有效，灰色为无效。标签中央的下方会显示输出端要匹配的阻抗（1 Ω 至 10 kΩ 可调，或为高阻，出厂默认为 50 Ω）。标签右边会显示当前有效的波形（"波形形状"或"调制"字样或"扫频"字样或"脉冲串"字样）或灰色的"关"字样（表示已关闭通道的输出端）。

3）软键标签

用于标识旁边的功能菜单软键和菜单操作软键的当前功能。高亮显示：高亮显示表示标签的正中央显示当前通道的颜色或系统设置时的灰色，并且字体为纯白色。

（1）屏幕右方的标签：如果标签高亮显示，说明被选中，则位于屏幕下方的 6 个子软键标签显示的就是它指示的内容（注意：如果当前被选中的标签子目录级数比较多，则下方显示的不一定是它下一级子目录的内容。例如：上图中的类型标签高亮显示，屏幕下方恰好显示的是波形的种类，属于类型标签的下一级目录，但如果此时按 Menu 键，右方的标签将会是波形标签高亮，而屏幕下方的标签内容没变，并不是显示波形标签的下一级子目录。波形标签的下一级子目应该是类型和参数）。如果要显示的子标签数大于 6 个，则需要分多屏显示，要查看下一屏，按标签右边对应的功能菜单软键即可。

（2）屏幕下方的子标签：当子标签所显示的内容属于屏幕右方的类型标签下级目录时，以高亮显示表示为选中的功能。当子标签显示的内容属于屏幕右方的参数标签［或属于通过按 Utility 按键弹出的四个标签通道一设置、通道二设置、I/O（或频率计）、系统中的一种］的下级目录时，它与波形参数列表区内容一一对应，以标签的边缘显示当前通道颜色（系统设置时为灰色）且字体为纯白色来表示"选中"（参数列表中以字体为纯白色来表示选中）；此时按菜单操作软键或多功能旋钮对应的软键子标签将高亮显示来表示进入"参数编辑状态"，可以对列表中参数进行设置，也可旋转多功能旋钮来改变参数。参数设定后通过按多功能旋钮确定并退出编辑状态。若标签处于"选中"状态而不是"编辑"状态时，可以通过多功能旋钮或方向键切换标签（参数列表中也会对应地移动）。如果要修改的参数是以数字+单位表示且该项参数处于选中或编辑状态，可以通过按数字键盘来快速输入（左方向键可用来删除当前输入的前一位），屏幕下方的子标签会自动弹出可供选择的有效单位，输入完毕后通过按操作软键或按多功能旋钮确定并退出编辑状态。

4）波形参数列表

波形参数列表以列表的方式显示当前波形的各种参数，如果列表中某一项显示为纯白色，则可以通过菜单操作软键、数字键盘、方向键、多功能旋钮的配合进行参数设置。如果当前字符底色为当前通道的颜色（系统设置时为白色），说明此字符进入编辑状态，可用方向键或数字键盘或多功能旋钮来设置参数。

5）波形显示区

波形显示区显示该通道当前设置的波形形状（可通过颜色或 CH1/CH2 信息栏的高亮来区分是哪一个通道的当前波形，左边的参数列表显示该波形的参数）。注：系统设置时没有波形显示区，此区域被扩展成参数列表。

5.3.3　输出基本波形

1. 设置输出频率

在接通电源时，波形默认配置为一个频率为 1 kHz，幅度为 100 mV 峰-峰值的正弦波（以 50 Ω 端接）。将频率改为 2.5 MHz 的具体步骤如下：

（1）依次按 Menu→波形→参数→频率（如果按参数软键后没有在屏幕下方弹出频率标签，则需要再次按参数软键进行下一屏标签显示）。在更改频率时，若当前频率值是有效的，则使用同一频率。若要设置波形周期，请再次按频率软键切换到周期，频率和周期可以相互切换。

（2）使用数字键盘输入所需数字 2.5，如图 5.3.4 所示。

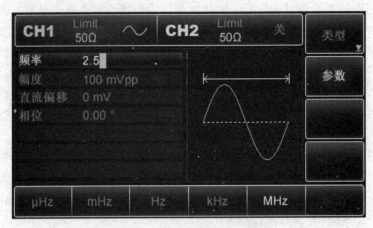

图 5.3.4　设置输出频率图

（3）选择所需单位。

按对应于所需单位的软键。选择单位时，波形发生器以显示的频率输出波形（如果输出已启用）。在本例中，按 MHz。

注意：多功能旋钮和方向键的配合也可进行此参数设置。

2. 设置输出幅度

在接通电源时，波形默认配置为一个幅度为 100 mV 峰-峰值的正弦波（以 50 Ω 端接）。将幅度改为 300 m Vpp 的具体步骤如下：

（1）依次按 Menu→波形→参数→幅度（如果按参数软键后没有在屏幕下方弹出幅度标签，则需要再次按参数软键进行下一屏子标签显示）。在更改幅度时，若当前幅度值是有效的，则使用同一幅度值。再次按幅度软键可进行单位的快速切换（在 Vpp、Vrms、dBm 之间切换）。

（2）使用数字键盘输入所需数字 300，如图 5.3.5 所示。

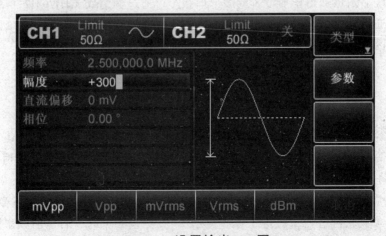

图 5.3.5　设置输出幅度图

（3）选择所需单位。

按对应于所需单位的软键。选择单位时，波形发生器以显示的幅度输出波形（如果输出已启用）。在本例中，按 mVpp。

注意：多功能旋钮和方向键的配合也可进行此参数设置。

3. 设置 DC 偏移电压

在接通电源时，波形默认为 DC 偏移电压为 0 V 的正弦波（以 50 Ω 端接）。将 DC 偏移电压改为 – 150 mV 的具体步骤如下：

（1）依次按 Menu→波形→参数→直流偏移（如果按参数软键后没有在屏幕下方弹出直流偏移标签，则需要再次按参数软键进行下一屏子标签显示）。在更改 DC 偏移时，若当前 DC 偏移值是有效的，则使用同一 DC 偏移值。再次按直流偏移软键时，你会发现原来用于描述波形的幅度和直流偏移参数已变为高电平（最大值）和低电平（最小值）。

（2）使用数字键盘输入所需数字 – 150，如图 5.3.6 所示。

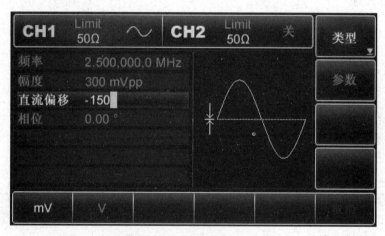

图 5.3.6　设置 DC 偏移电压图

（3）选择所需单位。

按对应于所需单位的软键。选择单位时，波形发生器以显示的直流偏移输出波形（如果输出已启用）。在本例中，按 mV。

注意：多功能旋钮和方向键的配合也可进行此参数设置。

4. 设置方波

方波的占空比表示每个循环中方波处于高电平的时间量（假设波形不是反向的）。在接通电源时，方波默认的占空比是 50%，占空比受最低脉冲宽度规格 20 ns（或 40 ns）的限制。设置频率为 1 kHz，幅度为 1.5 Vpp，直流偏移为 0 V，占空比为 70% 方波的具体步骤如下：

依次按 Menu→波形→类型→方波→参数（如果类型标签处于非高亮显示，才需要按类型软键进行选中），要设置某项参数先按对应的软键，再输入所需数值，然后选择单位即可。如图 5.3.7 所示。

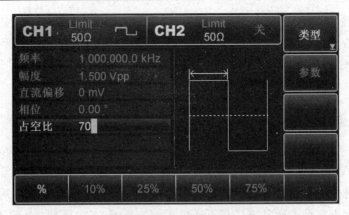

图 5.3.7　设置方波图

注意：多功能旋钮和方向键的配合也可进行此参数设置。

5. 设置脉冲波

脉冲波的占空比表示每个循环中从脉冲的上升沿的 50% 阈值到下一个下降沿的 50% 阈值之间时间量（假设波形不是反向的）。通过对 DF1405 函数/任意波形发生器进行参数配置，可以输出具有可变脉冲宽度和边沿时间的脉冲波形。在接通电源时，脉冲波默认占空比为 50%，上升/下降沿时间为 1 μs，现设置周期为 2 ms，幅度为 1.5 Vpp，直流偏移为 0 V，占空比［受最低脉冲宽度规格 20 ns（或 40 ns）的限制］为 25%，上升沿时间为 200 μs，下降沿时间为 200 μs 的方波的具体步骤如下：

（1）依次按 Menu→波形→类型→脉冲波→参数（如果类型标签处于非高亮显示，才需要按类型软键进行选中），再按频率软键实现频率与周期的转换。

（2）输入所需数值，然后选择单位即可。在输入占空比数值时，屏幕下方会有 25% 的标签，按对应的软键即可快速输入。当然，也可以输入数字 25 再按 % 来完成输入。要对下降沿时间进行设置请再次按参数软键或在子标签处于选中的状态下向右旋多功能旋钮进行下一屏子标签的显示（子标签"选中"状态边缘为当前通道颜色，子标签高亮时为"编辑状态"，请参见图 5.3.3 所示功能界面），再按下降沿软键输入所需数值，然后选择单位即可。如图 5.3.8 所示。

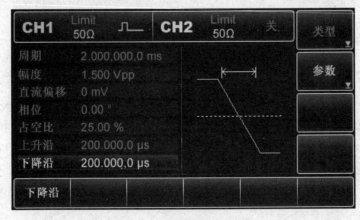

图 5.3.8　设置脉冲波图

注意：多功能旋钮和方向键的配合也可进行此参数设置。

6. 设置直流电压

实际上直流电压的输出就是对前面提到的直流偏移进行设置，所以在对前面的直流偏移函数进行更改时，直流电压（DC偏移）的默认值已更改，在接通电源时，直流电压默认为 0 V。将 DC 偏移电压改为 3 V 的具体步骤如下：

（1）依次按 Menu→波形→类型→直流（如果按波形软键后类型标签非高亮时，需要两次按类型软键，第一次代表高亮进行选中，第二次代表进行下一屏子标签显示）。在更改直流电压（DC偏移）时，若当前直流电压（DC偏移）值是有效的，则使用同一直流电压（DC偏移）值。

（2）使用数字键盘输入所需数字 3，如图 5.3.9 所示。

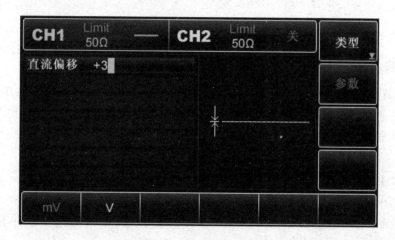

图 5.3.9　设置直流电压图

（3）选择所需单位。

按对应于所需单位的软键。选择单位时，波形发生器以显示的直流偏移输出波形（如果输出已启用）。在本例中，按 V。

注意：多功能旋钮和方向键的配合也可进行此参数设置。

7. 设置斜波

对称度表示每个循环中斜波斜率为正的时间量（假设波形不是反向的）。在接通电源时，斜波默认的对称度是 100%。设置频率为 10 kHz，幅度为 2 V，直流偏移为 0 V，占空比为 50% 的三角波的具体步骤如下：

（1）依次按 Menu→波形→类型→斜波→参数（如果类型标签处于非高亮显示，才需要按类型软键进行选中）。

（2）设置某项参数时，先按对应的软键，再输入所需数值，然后选择单位即可。在输入对称度数值时，屏幕下方会有 50% 的标签，按对应的软键即可快速输入，当然您也可以输出数字 50 再按 % 来完成输入。如图 5.3.10 所示。

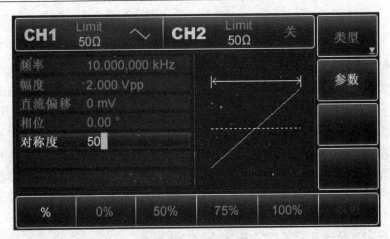

图 5.3.10　设置斜波图

注意：多功能旋钮和方向键的配合也可进行此参数设置。

8. 设置噪声波

DF1405 函数/任意波形发生器内默认的是幅度为 100 mVpp，直流偏移为 0 mV 的准高斯噪声，若对其他波形的幅度和直流偏移函数进行了更改，噪声波默认值也已更改，只能对噪声波的幅度和直流偏移进行更改。设置幅度为 300 mVpp，直流偏移 1 V 的准高斯噪声具体步骤如下：

（1）依次按 Menu→波形→类型→噪声→参数（如果类型标签处于非高亮显示，才需要按类型软键进行选中）。

（2）设置某项参数时，先按对应的软键，再输入所需数值，然后选择单位即可。如图 5.3.11 所示。

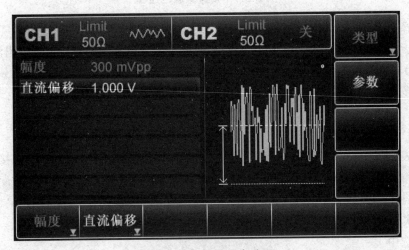

图 5.3.11　设置噪声波图

注意：多功能旋钮和方向键的配合也可进行此参数设置。

本仪器还很多功能，使用时请参考 DF1405 系列函数/任意波形发生器使用说明书。

5.4　DF4320 型 20 MHz 双通道示波器使用说明

5.4.1　概　述

本示波器为 20 MHz 便携式双通道示波器。垂直灵敏度为 5 mV/div ~ 20 V/div。水平扫描速率为 0.1 μs/div ~ 0.2 s/div，并有 ×5 扩展功能，可将扫描速率扩展到 20 ns/div。本机的触发功能完善，有自动、常态、单次三种触发方式可供选择。此外本机还具有电视场同步功能，可获得稳定的电视场信号显示。

本机结构坚固，外形美观（见图 5.4.1），内刻度矩形示波管具有 80 mm × 100 mm 的观察面，显示清晰、明亮。

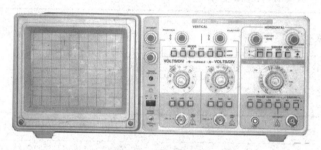

图 5.4.1　外观图

5.4.2　主要技术性能

1. 垂直偏转系统

垂直偏转系统主要技术数据如表 5.4.1 所示。

表 5.4.1

项　目		指　标
偏转因数范围		5 mV/div ~ 20 V/div，按 1—2—5 顺序分 12 挡
精度		±5%
微调控制范围		>2.5 : 1
上升时间	+ 5 ℃ ~ + 35 ℃	≤17.5 ns
	0 ℃ ~ 5 ℃ 或 35 ℃ ~ 40 ℃	≤23.3 ns
带宽（−3 dB）	+ 5 ℃ ~ + 35 ℃	≥20 MHz
	0 ℃ ~ 5 ℃ 或 35 ℃ ~ 40 ℃	≥15 MHz
AC 耦合下限频率		≤10 Hz
输入 RC		直接：1×（1±2%） MΩ （ ±5 pF）
最大安全输入电压		≤400 V_{pk}

2. 触发系统

触发系统主要技术数据如表 5.4.2 所示。

表 5.4.2

触发灵敏度	常态或自动方式	内	1.5 div
		外	0.5 V
	电视场方式	内：1 div	
	（复合同步信号测试）	外：0.3 V	
	在"自动"方式时的下限触发频率	≤20 Hz	

3. 水平偏转系统

水平偏转系统主要技术数据如表 5.4.3 所示。

表 5.4.3

项　　目	指　　标
扫描时间因数范围	0.2 s/div ~ 0.1 μs/div，按 1—2—5 顺序分 20 挡，使用扩展×5 时，最快扫描速率为 20 ns/div
精　　度	×1；±5%
	×5；±8%
微调控制范围	≥2.5∶1
扫描线性	×1；±5%
	×5；±10%

4. X-Y 方式

X-Y 方式主要技术数据如表 5.4.4 所示。

表 5.4.4

偏转因数	同垂直偏转系统
精　　度	同垂直偏转系统
带宽（-3 dB）	0 ~ 1 MHz
X-Y 相位差	≤3°（0 ~ 50 kHz）

5. Z 轴系统

Z 轴系统主要技术数据如表 5.4.5 所示。

表 5.4.5

灵敏度	5 V
输入极性	低电压加亮
频率范围	0 ~ 1 MHz
输入电阻	10 kΩ
最大安全输入电压	50 V（DC + ACpeak）

6. 校准信号

校准信号主要技术数据如表 5.4.6 所示。

表 5.4.6

波　形	方　波
幅　度	$0.5 \times (1\pm 2\%)$ V
频　率	$1 \times (1\pm 2\%)$ kHz

7. 示波管

示波管主要技术数据如表 5.4.7 所示。

表 5.4.7

项　目	指　标
有效工作	8 div ×10 div（1 div = 1 cm）
加速电压	2 000 V
发光颜色	绿　色

8. 电　源

电源主要技术数据如表 5.4.8 所示。

表 5.4.8

电压范围	110 V：99 ~ 121 V
	220 V：198 ~ 242 V
频　率	48 ~ 62 Hz
最大功率	40 W

5.4.3　操作说明

1. 控制件位置图

前面板控制件位置如图 5.4.2 所示。

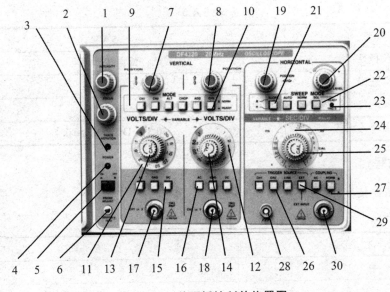

图 5.4.2　前面板控制件位置图

2. 控制件的作用

表 5.4.9 列出了本示波器所有控制件的名称和功能简介，关于这些控制件如何使用，将在本节后面的内容中详细说明。

表 5.4.9

序号	控制件名称	功　　能
1	亮度（INTENSITY）	轨迹亮度调节
2	聚焦（FOCUS）	轨迹清晰度调节
3	轨迹旋转（TRACE ROTAION）	调节轨迹与水平刻度线平行
4	电源指示（POWER INDICATOR）	电源接通时指示灯亮
5	电源（POWER）	电源接通或关闭
6	校准信号（PROBE ADJUST）	提供幅度为 0.5 V，频率为 1 kHz 的方波信号，用于调整探头的补偿和检测垂直和水平电路的基本功能
7、8	垂直移位（VERTICAL POSITION）	调整轨迹在屏幕中的垂直位置
9	垂直方式（VERTICAL MODE）	垂直通道的工作方式选择： CH1 或 CH2：通道 1 或通道 2 单独显示 ALT：两个通道交替显示 CHOP：两个通道断续显示，用于在扫描速度较低时的双踪显示 ADD：用于显示两个通道的代数和或差
10	通道 2 极性（CH2 NORM/INVERT）	通道 2 的极性转换，垂直方式工作在"ADD"方式时，"NORM"或"INVERT"可分别获得两个通道代数和或差的显示

续表

序号	控 制 件 名 称	功　　　能
11、12	电压衰减（VOLTS/DIV）	垂直偏转灵敏度的调节
13、14	微调（VARIABLE）	用于连续调节垂直偏转灵敏度
15、16	耦合方式（AC-GND-DC）	用于选择被测信号馈入垂直的耦合方式
17、18	CH1 OR X；CH2 OR Y	被测信号的输入端口
19	水平移位（HORIZONTAL POSITION）	用于调节轨迹在屏幕中的水平位置
20	电平（LEVEL）	用于调节被测信号在某一电平触发扫描
21	触发极性（SLOPE）	用于选择信号上升或下降沿触发扫描
22	扫描方式（SWEEP MODE）	扫描方式选择：自动（AUTO）信号频率在 20 Hz 以上时常用的一种工作方式 常态（NORM）：无触发信号时，屏幕中无轨迹显示，在被测信号频率较低时选用 单次（SINGLE）：只触发一次扫描，用于显示或拍摄非重复信号
23	被触发或准备指示（TRIG'D READY）	在被触发扫描时指示灯亮，在单次扫描时，灯亮指示扫描电路在触发等待状态
24	扫描速率（SEC/DIV）	用于调节扫描速度
25	微调、扩展（VARIABLE　PULL×5）	用于连续调节扫描速度，在旋钮拉出时，扫描速度被扩大 5 倍
26	触发源（TRIGGER SOURCE）	用于选择产生触发的源信号
27	触发耦合（COUPLING）	用于选择触发信号的耦合方式
28	接地（⊥）	安全接地，可用于信号的连接
29	外触发输入（EXT INPUT）	在选择外触发方式时触发信号插座
30	Z 轴输入（ZAXIS INPUT）	亮度调制信号输入插座
31	电源插座（后面板）	电源输入插座
32	电源设置（后面板）	110 V 或 220 V 电源设置
33	保险丝座（后面板）	电源保险丝座

3. 操作方法

（1）电源电压的设置。本示波器具有两种电源电压设置方式，在接通电源前，应根据当地标准参见仪器后盖提示，将开关置合适的挡位，并选择合适的保险丝装入保险丝盒。

（2）面板一般功能的检查：

① 将有关控制件置于表 5.4.10 中所示的位置。

表 5.4.10

控制件名称	作用位置	控制件名称	作用位置
亮度（INTENSITY）	居　中	输入耦合（AC-GND-DC）	DC
聚焦（FOCUS）	居　中	扫描方式（SWEEP MODE）	自　动
位移（3 只）（POSITION）	居　中	极性（SLOPE）	正　常
垂直方式（MODE）	CH1	扫描速率（SEC/DIV）	0.5 ms
电压衰减（VOLTS/DIV）	0.1 V（×）	触发源（TRIGGER SOURCE）	CH1
微调（VARIABLE）	顺时针旋足	触发耦合方式（COUPLING）	AC　常态

② 接通电源，电源指示灯亮、稍等预热，屏幕中出现光迹，分别调节亮度和聚焦旋钮，使光迹的亮度适中、清晰。

③ 通过连接电缆将本机校准信号输入至 CH1 通道。

④ 调节电平旋钮使波形稳定，分别调节垂直移位和水平移位，使波形与图 5.4.3 相吻合。

⑤ 将连接电缆换至 CH2 通道插座，垂直方式置"CH2"，重复④ 操作。

（3）亮度控制：调节辉度电位器，使屏幕显示的轨迹亮度适中。一般观察不宜太亮，以避免荧光屏过早老化。高亮度的显示用于观察一些低重复频率信号的快速显示。

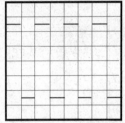

图 5.4.3　校准信号波形

（4）垂直系统的操作：

① 垂直方式的选择。当只需观察一路信号时，将"MODE"开关按入"CH1"或"CH2"，此时被选中的通道有效，被测信号可从通道端口输入；当需要同时观察两路信号时，将"MODE"开关置交替"ALT"，该方式使两个通道的信号得到交替显示，交替显示的频率受扫描周期控制。当扫速在低速挡时，交替方式的显示将会出现闪烁，此时应将开关置连续"CHOP"位置；当需要观察两路信号的代数和时，将"MODE"开关置"ADD"位置；在选择该方式时，两个通道的衰减设置必须一致；将"CH2 INVERT"按入，可得到两路信号代数差的显示。

② 输入耦合的选择。

直流（DC）耦合：适用于观察包含直流成分的被测信号，如信号的逻辑电平和静态信号的直流电平，当被测信号的频率很低时，也必须采用该方式。

交流（AC）耦合：信号中的直流成分被隔断，用于观察信号的交流成分，如观察较高直流电平中的小信号。

接地（GND）：通道输入端接地（输入信号断开）用于确定输入为零时光迹所在位置。

（5）水平系统的操作：扫描速度的设定，扫描范围从 0.1 μs/div ~ 0.2 s/div 按 1—2—5 进位分 20 挡步进，微调"VARIABLE"提供至少 2.5 倍的连续调节；根据被测信号频率的高低，选择合适的挡级；在微调顺时针旋足至校正位置时，可根据刻度盘的指示值和波形在水平轴方向上的距离读出被测信号的时间参数，当需要观察波形的某一个细节时，可拉出扩展旋钮，此时原波形在水平方向被扩展 5 倍。

（6）触发控制：

① 扫描方式的选择（SWEEP MODE）。

自动（AUTO）：当无触发信号输入时，屏幕上显示扫描光迹；一旦有触发信号输入，电路自动转换为触发扫描状态，调节电平可使波形稳定地显示在屏幕上，此方式是观察频率在 20 Hz 以上信号最常用的一种方式。

常态（NORM）：无信号输入时，屏幕上无光迹显示；有信号输入时，触发电平调节在合适位置上，电路被触发扫描，当被测信号频率低于 20 Hz 时，必须选择该方式。

单次（SINGLE）：用于产生单次扫描。按动此键，扫描方式开关均被复位，电路工作在单次扫描方式，"READY" 指示灯亮，扫描电路处于等待状态；当触发信号输入时，扫描产生一次，"READY" 指示灯灭，下次扫描需再次按动单次按键。

② 触发源的选择（TRIGGER SOURCE）。

触发源有四种方式选择，当垂直方式工作于 "交替" 或是 "断续" 时，触发源选择某一通道，可用于两通道时间或相位的比较，当两通道的信号（相关信号）频率有差异时，应选择频率低的通道用于触发。

在单踪显示时，触发源选择无论是置 "CH1" 或 "CH2"，其触发信号都来自被显示的通道。

③ 极性的选择（SLOPE）。用于选择触发信号的上升或下降沿去触发扫描。

④ 电平的设置（LEVEL）。用于调节被测信号在某一合适的电平上启动扫描，当产生触发扫描后，"TRIG" 指示灯亮。

⑤ 触发信号耦合方式的选择（COUPLING）。触发信号输入耦合方式的选择 "AC / DC"，仅适用于选择外触发信号的耦合，内触发信号的耦合被固定于 AC 状态。当需观察电视场信号时，将耦合方式置 "TV" 并同时根据电视信号的极性，将触发极性 "SLOPE" 置于相应位置，以获得稳定的电视场信号的同步。

5.4.4　测量方法

1.　测量前的检查和调整

为了使仪器获得最高的测量精度，避免产生某些明显误差，在测量前应对光迹旋转（TRACE ROTATION）进行检查或调整。

在正常情况下，被显示波形的水平方向应与屏幕的水平刻度线平行，但由于地磁或其他原因会造成误差，可按下列步骤检查或调整：

（1）预置仪器控制键，使屏幕获得一个扫描基线。

（2）调节垂直移位使扫描基线与水平刻度平行，如不平行，用起子调整前面板 "TRACE ROTATION" 控制器。

2.　幅值的测量

1）峰-峰电压的测量

对被测信号波形峰-峰电压的测量步骤如下：

（1）将信号输入至 CH1 或 CH2 插座，将垂直方式设置为选用通道。

（2）设置电压衰减器并观察波形，使被显示的波形幅度为 5 格左右，将衰减微调顺时针旋足（校正位置）。

（3）调整触发电平，使波形稳定。

（4）调整扫速控制器，使屏幕显示至少一个波形周期。

（5）调整垂直移位，使波形的底部在屏幕中某一水平坐标上（如图 5.4.4 A 点）。

（6）调整水平移位，使波形顶部在屏幕中央的垂直坐标上（如图 5.4.4 B 点）。

（7）测量垂直方向 A-B 两点的格数。

（8）按下面公式计算被测信号的峰-峰电压值（V_{p-p}）：

$$V_{p-p} = 垂直方向的格数 \times 垂直偏转因数$$

例如，在图 5.4.4 中，测出 A-B 两点的垂直格数为 4.6 格，垂直偏转因数为 5 V/div，则

$$V_{p-p} = 4 \times 5 = 20（V）$$

2）直流电压的测量

直流电压的测量步骤如下：

（1）设置面板控制器，使屏幕显示一扫描基线。

（2）设置被选用通道的耦合方式为 "GND"（见图 5.4.5）。

（3）调节垂直移位，使扫描基线在某一水平坐标上，定义此时的电压为零。

（4）将信号馈入被选用的通道插座。

（5）将输入耦合置 "DC"，调整电压衰减器，使扫描线偏移在屏幕中一个合适的位置上（微调顺时针旋足）。

（6）测量扫描线在垂直方向偏移基线的距离（见图 5.4.5）。

（7）按下式计算被测直流电压值：

$$V = 垂直方向格数 \times 垂直偏转因数 \times 偏转方向（ + 或 - ）$$

例如，在图 5.4.5 中，测出扫描基线比原基线上移 3.8 格，偏转因数为 2 V/div，则

$$V = 3.8 \times 2 \times （ + ） = 7.6（V）$$

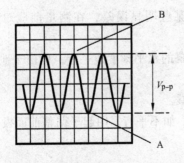

图 5.4.4　峰 - 峰电压的测量

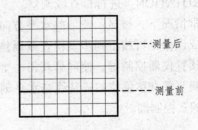

图 5.4.5　直流电压的测量

3）幅值比较（比例）

在某些应用中，需要对两个信号之间幅值的偏差（百分比）进行测量，步骤如下：

（1）将作为参考的信号馈入 CH1 或 CH2 端口，设置垂直方式为被显示的通道。

（2）调整电压衰减器和微调控制器使屏幕显示幅度为垂直方向的 5 格。

（3）在保持电压衰减器和微调控制器在原位置上不变的情况下，将参考信号换接至需比较的信号，调整垂直移位使波形底部在屏幕的 0 刻度上。

（4）调整水平移位使波形顶部在屏幕中央的垂直刻度线上。

（5）根据屏幕左侧的 0 和 100% 的百分比标注，从屏幕中央的垂直坐标上读出百分比。（1 小格等于 4%，针对 5 格计算）

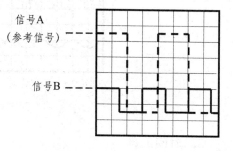

例如，在图 5.4.6 中，虚线表示参考波形，幅度为 5 格，实线为被比较的信号波形，垂直幅度为 1.5 格，则该信号的幅值为参考信号的 30%。

图 5.4.6 幅值比较

4）代数叠加

当需要测量两个信号的代数和或差时，可根据下列步骤操作：

（1）设置垂直方式为 "ALT" 或 "CHOP"（根据被测信号的频率），CH2 极性置 "NORM"。

（2）将两个信号分别馈入 CH1 和 CH2 插座。

（3）调整电压衰减器，使两个信号的显示幅度适中，调节垂直移位，使两个信号波形的垂直位置靠近屏幕中央。

（4）将垂直方式换置 "ADD"，即得到两个信号的代数和显示，若需要观察两个信号的代数差，则将 CH2 极性置 "INVERT"。

图 5.4.7 分别列举了两个信号的代数和或差的显示结果。

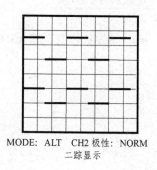
MODE: ALT CH2 极性: NORM
二踪显示

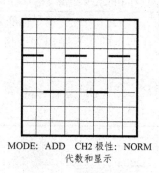
MODE: ADD CH2 极性: NORM
代数和显示

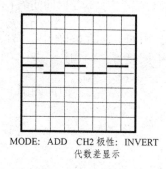
MODE: ADD CH2 极性: INVERT
代数差显示

图 5.4.7 代数叠加显示

5）共模抑制

根据以上代数叠加的显示原理，用观察两路信号之差的操作方法，可抑制被测信号中不需要的交流成分。操作步骤如下：

（1）设置垂直方式为 "ALT" 或 "CHOP"，CH2 极性为 "NORM"。

（2）将含有不需要的交流成分的组合信号馈入 CH1 插座，将需要抑制的信号馈入 CH2 插座。

（3）调整 CH1 电压衰减使屏幕显示的幅度便于观察；调整 CH2 电压衰减器和微调节器旋钮，使 CH2 的显示幅度和 CH1 波形中需要抑制的幅度相等。

（4）将垂直方式置"ADD"，CH2 极性置"INVERT"，再一次调整 CH2 电压衰减微调，使被显示的波形中不需要的交流成分被最大限度地抑制（见图 5.4.8）。

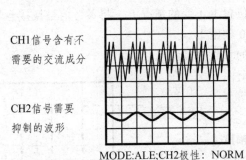
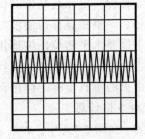

MODE:ALE;CH2极性：NORM　　　　MODE:ADD;CH2极性：INVERT

图 5.4.8　共模抑制的显示

3. 时间测量

1）时间间隔的测量

对一个波形中两点间时间间隔的测量，可按下列步骤进行：

（1）将被测信号馈入 CH1 或 CH2 插座，设置垂直方式为选用的通道。

（2）调整触发电平使波形稳定显示。

（3）将扫速微调顺时针旋足（CAL 位置），调整扫速选择开关，使屏幕显示 1～2 个信号周期。

（4）分别调整垂直移位和水平移位，使波形中需测量的两点位于屏幕中央的水平刻度线上。

（5）测量两点间的水平距离，按下式计算出时间间隔。

$$\text{时间间隔(s)} = \frac{\text{两点间的水平距离（格）} \times \text{扫描时间因素（时间/格）}}{\text{水平扩展因数}}$$

例如，在图 5.4.9 中，测得 A、B 两点的水平距离为 8 格，扫描时间因数设置为 2 ms/格，水平扩展为 ×1，则

$$\text{时间间隔} = \frac{8\text{（格）} \times 2\text{（ms/格）}}{1} = 16\text{（ms）}$$

A

B

水平距离

图 5.4.9　时间间隔的测量

2）周期和频率的测量

在图 5.4.9 中，A、B 两点间的时间间隔的测量是一个特例，测量结果即为该信号的周期（T），该信号的频率 f 则为 $1/T$。例如，在上述例子中，测出该信号的周期为 16 ms，则该信号的频率为 $f = 1/T = 1/16 \times 10^{-2} = 62.5$（Hz）。

3）上升（或下降）时间的测量

上升（或下降）时间的测量方法和时间间隔的测量方法一样，不过被选择的测量点规定在波形满幅度的 10% 和 90% 两处，步骤如下：

（1）设置垂直方式为 CH1 和 CH2，将信号馈入被选中的通道。

（2）调整电压衰减和微调，使波形垂直方向显示为 5 格。

（3）调整垂直移位，使波形的顶部和底部分别位于 100% 和 0% 的刻度线上。

（4）调整扫速开关，使屏幕显示波形的上升或下降沿。

（5）调整水平移位，使波形上升沿的 10% 处相交于某一垂直刻度线上。

（6）测量 10% ~ 90% 两点间的水平距离（图 5.4.10 中 A、B 两点）。

注意：对一些速度较快的前沿（或后沿）的时间测量，将扫描扩展旋钮拉出，可使波形中水平方向扩展 5 倍。

（7）按下式计算出波形的上升时间：

$$\text{上升（或下降）时间} = \frac{\text{水平距离(格)} \times \text{扫描时间因数(时间/格)}}{\text{水平扩展因数}}$$

例如，在图 5.4.10 中，波形上升沿的 10% 处（A 点）至 90% 处（B 点）的水平距离为 1.8 格，扫速开关置 0.1 μs/格，扫描扩展因数为 ×5，根据公式计算出上升时间：

$$\text{上升时间} = \frac{1.8(\text{格}) \times 1\,(\mu s/\text{格})}{5} = 0.36\,(\mu s)$$

4）时间差的测量

对两个相关信号的时间差的测量，可按下列步骤进行：

（1）根据被测信号频率将垂直方式开关置"ALT"或"CHOP"位置。

（2）将参考信号和一个受比较的信号分别输入"CH1"和"CH2"插座。

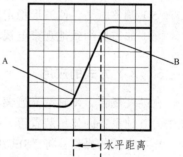

图 5.4.10　上升时间的测量

（3）设置触发源选择至作为参考的那个通道。

（4）调整"VOLTS/DIV"，使屏幕显示合适的观察幅度。

（5）调整触发电平使波形稳定显示。

（6）调整"SEC/DIV"，使两个波形的测量点之间有一个能方便观察的水平距离。

（7）调整垂直移位，使两个波形的测量点位于屏幕中央的刻度线上。

（8）测出两点之间的水平距离并用下式计算出时间差：

$$\text{时间差} = \frac{\text{水平距离(格)} \times \text{扫描时间因素(时间/格)}}{\text{水平扩展因数}}$$

5）相位差的测量

相位差的测量可参考时间的测量方法实行，步骤如下：

（1）按时间差测量的步骤（1）~（4）设置有关控件。

（2）调 "VOLTS/DIV" 和微调，使两个波形的显示幅度一致。

（3）调 "SEC/DIV" 和微调，使波形的一个周期在屏幕上显示 9 格，这样水平刻度线上的每格即被定为 40°（360° 除以 9）。

（4）测量两个波形在上升或下降到同一个幅度时的水平距离。

（5）按下式计算出两个信号的相位差：

$$相位差 = 水平距离（格）\times 40（°/格）$$

例如，在图 5.4.11 中，测得两个波形测量点的水平距离为 1.5 格，根据公式可算出相位差：

$$相位差 = 1.5（格）\times 40（°/格）= 60°$$

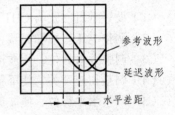

图 5.4.11　相位差的测量

4．电视场信号的测量

本示波器具有可显示电视场信号的特点，操作方法如下：

（1）将垂直方式设置到 "CH1" 或 "CH2"，将电视信号输入至被选用的通道。

（2）将触发耦合设置到 "TV"，并将 "SEC/DIV" 设置到 2 ms。

（3）对于正向电视信号，将 "SLOPE" 设置到上升沿触发扫描，对于负向电视信号，则将 "SLOPE" 设置到下降沿触发扫描。

（4）调整 "VOLTS/DIV"，屏幕显示合适的观察幅度。

（5）调整电平，使波形稳定显示。

（6）如需更细致地观察电视场信号，将水平扩展调到 ×5 挡。

5．X-Y 方式的应用

在某些场合，X 轴的光迹偏转须由外来信号控制，如外接扫描信号、李沙育图形的观察或作为其他设备的显示装置等，都需要用到该方式。

X-Y 方式的操作：将 "SEC/DIV" 开关逆时针方向旋足至 "X-Y" 位置，由 "CH1 OR X" 端口输入 X 轴信号，其偏转灵敏度仍按该通道的 "VOLTS/DIV" 开关指示值读取。

6．Z 轴调制的应用

由仪器背面的 Z 轴输入插座可输入对波形亮度的调制信号，调制极性为负电平加亮，正电平消隐，当需要对被测波形的某段打入亮度标记时，可采用本功能获得。

5.5　DF1945 型数字多用表使用说明书

DF1945 型是双显示智能四位半数字多用表，以微处理器为核心实现自动量程转换，并采用双显示实现记录最大值和最小值、误差分选、比例运算、相对测量、误差计算及软件校准。

5.5.1　技术指标

1. 直流电压（DCV）

最大输入电压：600 V DC，参数如表 5.5.1 所示。

表 5.5.1　直流电压技术指标

量　程	精度（读数，字）	分辨率力	输入阻抗
200 mV	±0.05%，±5	10 μV	1 000 MΩ
2 V	±0.05%，±5	100 μV	1 000 MΩ
20 V	±0.05%，±5	1 mV	10 MΩ（30 pF）
200 V	±0.05%，±5	10 mV	10 MΩ（30 pF）
600 V	±0.1%，±5	100 mV	10 MΩ（30 pF）

2. 交流电压（ACV）

交流最大输入电压：600 V AC，频率响应 40 Hz ~ 50 kHz。如表 5.5.2 所示。

表 5.5.2　交流电压技术指标

量程	精度（读数，字）			分辨力	输入阻抗
	40 Hz ~ 1 kHz	1 kHz ~ 5 kHz	5 kHz ~ 50 kHz		
200 mV	±0.3%，±20	±0.6%，±20	±1%，±20	10 μV	1 000 MΩ
2 V	±0.3%，±20	±0.6%，±20	±1%，±20	100 μV	1 000 MΩ
20 V	±0.8%，±20	±1.2%，±20	±2%，±20	1 mV	10 MΩ（30 pF）
200 V	±0.8%，±20	±1.2%，±20	±2%，±20	10 mV	10 MΩ（30 pF）
600 V	±0.5%，±20（40 Hz ~ 50 kHz）			100 mV	10 MΩ（30 pF）

3. 直流电流（DCI）

最大输入电流：15 A；测量 15 A 时连续时间不大于 1 min。如表 5.5.3 所示。

表 5.5.3　直流电流技术指标

量　程	精度（读数，字）	分辨力	输入阻抗
200 mA	±0.2%，±5	10 μA	1 Ω
15 A	±0.5%，±20	1 mV	10 mΩ

4. 交流电流（ACI）

最大输入电流：15 A；测量 15 A 时连续时间不大于 1 min；频率响应 40 Hz ~ 5 kHz。如表 5.5.4 所示。

表 5.5.4　交流电流技术指标

量　程	精度（读数，字）	分辨力	输入阻抗
200 mA	±0.5%，±5	10 μA	1 Ω
15 A	±1%，±20	1 mV	10 mΩ

5. 电阻（Ω）

电阻测量指标如表 5.5.5 所示。

表 5.5.5　电阻技术指标

量　程	精度（读数，字）	分辨力	输出电流
200 Ω	±0.05%，±5	10 mΩ	1 mA
2 kΩ	±0.05%，±5	100 mΩ	1 mA
20 kΩ	±0.05%，±5	1 Ω	10 μA
200 kΩ	±0.05%，±5	10 Ω	10 μA
2 MΩ	±0.1%，±5	100 Ω	1 μA
20 MΩ	±0.2%，±5	1 kΩ	0.1 μA

5.5.2　操作说明

1. 开　机

接通电源并按下 POWER 键即可开机，此时仪器开机自检，稍后即进入正常工作状态，默认为 DC 20 V 挡。为保证测量精确和稳定，建议预热 30 min 再进行测量。

2. 测　量

1）电压（V）

按 DCV 或 ACV 键进入直流或交流电压挡，此时按 AUTO 键可切换自动量程/手动量程。按 UP 或 DOWN 可以向上或向下切换量程。

2）电流（I）

按 DCI 或 ACI 键进入直流或交流电流挡，使用相应接线柱测量，此时自动量程功能不可用。按 UP 或 DOWN 可以向上或向下切换量程。

3）电阻（Ω）

按 Ω 键进入电阻挡，此时按 AUTO 键可切换自动量程/手动量程。按 UP 或 DOWN 可以向上或向下切换量程。

4）二极管和通断测试（DIODE、CONT）

按 ⫞⊣⧸⸨⸩⸩ 键在二极管测试和通断测试之间切换，此时自动量程功能和 UP、DOWN 均不可用。

5.5.3　运　算

1. 记录最大值和最小值（LIMIT）

选择好测量类型（电压、电流、电阻、二极管测试、通断测试）并调整好量程，按 MENU 键选择 1-LI，按 ENTER 键进入。副屏提示 EN，确认被测对象已接入且量程已调整好，再次按 ENTER 键，仪器就开始记录测得的最大值的最小值。按 MENU 键可查看最大值或最小值，按 ESC 键退出。

2. 误差分选（FILT）

选择好测量类型并调整好量程，按 MENU 键选择 2-FIL，按 ENTER 键进入。输入上限值和下限值（默认为前次值，MENU 键循环移位，INC 键循环加 1），按 ENTER 键确认。当输入有误（上限值<下限值）请重新输入。接入被测对象，副屏用 LO、PASS、HI 分别表示偏小、合格、偏大。按 ESC 键退出。

3. 比例运算（SCL）

选择好测量类型并调整好量程，按 MENU 键选择 3-SCL，按 ENTER 键进入。输入比例系数（默认为前次值），按 ENTER 键确认。接入被测量，副屏显示运算值（$y = kx$）。按 ESC 键退出。

4. 相对测量（REL）

选择好测量类型并调整好量程，按 MENU 键选择 4-REL，按 ENTER 键进入。输入参考值（默认为前次值），按 ENTER 键确认。接入被测量，副屏显示相对运算值（$y = x - b$）。按 ESC 键退出。

5. 误差计算（ERR）

选择好测量类型并调整好量程，按 MENU 键选择 5-ERR，按 ENTER 键进入。输入标准值（默认为前次值），按 ENTER 键确认。接入被测量，副屏显示误差值。按 ESC 键退出。

说明：以上运算均为对测量值的绝对值的数学运算。

5.5.4　面板说明

前、后面板如图 5.5.1 所示，其功能说明如表 5.5.1 所示。

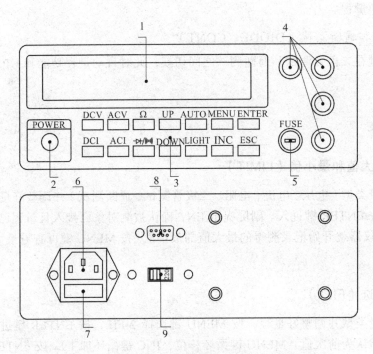

图 5.5.1　DF1945 型数字多用表前、后面板图

表 5.5.1　DF1945 型数字多用表功能说明表

序　号	功　　能	说　　明
1	液晶显示屏	双 $4\frac{1}{2}$，按 LIGHT 键调节背光亮度
2	电源开关	按下时电源接通
3	键盘	具体参照操作说明
4	接线柱	不同类型的被测量使用相应接线柱
5	200 mA 挡保险丝	250 V，250 mA，20 mm
6	电源插座	用于电源输入
7	电源保险丝	250 V，500 mA，20 mm
8	RS232 接口	与上位机连接
9	电源转换开关	110 V/220 V

5.5.5　注意事项

（1）长时间不使用请关闭电源。

（2）由于 200 mV 和 2 V 挡的输入阻抗高达 100 MΩ，故仪器开路时会读数跳动或自动量程不能锁定，将表笔短路读数即可回零。建议不使用时将表笔短路以免损坏内部放大器和继电器。

（3）测量高压时，如测量 200 V 以上电压时，建议先将仪器切换到手动量程 DC 800 V 或 AC 600 V 再进行测量，注意避免意外高压冲击。

（4）误通入高压可能损坏仪器。

（5）测量 20 V 以上电压时注意安全。

5.6　UT139C 万用表使用说明书简介

5.6.1　技术指标

UT139C 万用表技术指标如表 5.6.1 所示。

表 5.6.1　UT139C 万用表技术参数表

基本功能	量　　程	基本精度（读数，字）
直流电压（V）	60 mV/600 mV/6 V/60 V/600 V	±0.5%，±2
交流电压（V）	60 mV/600 mV/6 V/60 V/600 V	±0.7%，±3
直流电流（A）	600 μA/6 000 μA/60 mA/600 mA/6 A/10 A	±0.8%，±2
交流电流（A）	600 μA/6 000 μA/60 mA/600 mA/6 A/10 A	±1.0%，±3
电阻（Ω）	600 Ω/6 kΩ/60 kΩ/600 kΩ/6 MΩ/60 MΩ	±0.8%，±2
电容（F）	9.999 nF/99.99 nF/999.9 nF/9.999 μF 99.99 μF/999.9 μF/9.999 mF/99.99 mF	±4.0%，±5
频率（Hz）	9.999 Hz～9.999 MHz	±0.1%，±4
输入保护	600 Vrms	
输入阻抗	最大 1 GΩ	

5.6.2　使用说明

1. 面　板

面板如图 5.6.1 所示。

1）LCD 显示屏

LCD 显示屏中间显示测量的数据，四周显示相关的测量信息符号，如表 5.6.2 所示。

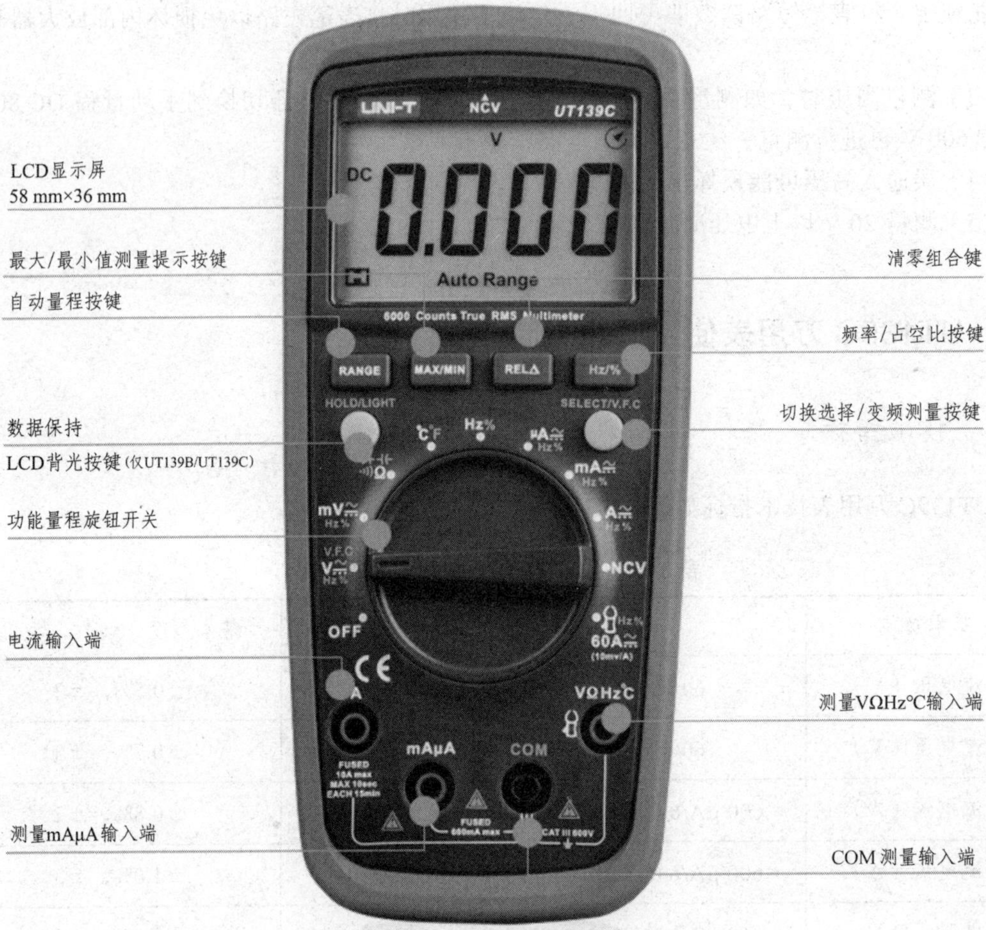
LCD显示屏
58 mm×36 mm
最大/最小值测量提示按键
自动量程按键
数据保持
LCD背光按键(仅UT139B/UT139C)
功能量程旋钮开关
电流输入端
测量mAμA输入端
清零组合键
频率/占空比按键
切换选择/变频测量按键
测量VΩHz℃输入端
COM测量输入端
UNI-T
NCV
UT139C
DC
0.000
Auto Range
6000 Counts True RMS Multimeter
RANGE
MAX/MIN
RELΔ
Hz/%
HOLD/LIGHT
SELECT/V.F.C
OFF
NCV
60A
mAμA
COM
VΩHz℃

图 5.6.1　万用表面板图

表 5.6.2　LCD 显示信息符号表

符　号	说　明
H	数据保持提示符
-	测量数据为负
AC/DC	交/直流测量提示符
MAX－MIN	最大值/最小值/最大值－最小值测量提示符
■	机内电池欠压提示符
Auto　Range	自动量程提示符
▶|	二极管测量提示符
·))	电路通断测量提示符
Δ	相对测量提示符
Ω/kΩ/MΩ	欧姆/千欧姆/兆欧姆
Hz/kHz/MHz	赫兹/千赫兹/兆赫兹

符　号	说　　明
%	占空比测量单位
mV/V	毫伏/伏
μA/mA/A	微安/毫安/安
nF/μF/mF	纳法/微法/毫法
℃	摄氏温度单位
℉	华氏.温度单位
（EF）NCV	非接触交流电压感测提示符
⏻	自动关机提示符
⌷	电流卡钳
VFC	交频测量提示符

2）按钮

（1）RANGE 自动量程按键。

点击该按键切换自动/手动量程，每点击一次往上跳一挡量程，到最高挡量程再点击则跳到最低挡量程。常按键大于 2 s 或转盘切换，则退出手动量程模式。（仅适用于：V≋、Ω、I≋。）

（2）MAX/MIN 最大/最小值测量按键。

点击该按键自动进入手动量程模式，自动关机功能被取消，并显示最大值，再点击显示最小值，再点击则显示"最大值 – 最小值"，依次循环。如常按键大于 2 s 或转盘切换，则退出数据记录。（仅适用于：V≋、Ω、I≋、℃/℉。）

（3）REL 清零组合按键。

点击该按键自动进入手动量程模式，将当前显示值作为参考值，然后显示测量值与参考值之差值，再次点击则退出相对测量。（仅适用于：V≋、Ω、I≋、℃/□F、⊣⊢。）

（4）Hz% 频率/占空比按键。

点击该按键切换 Hz/%~二种模式。仅适用于频率、交流电压/电流测量模式选择。

3）圆按钮

（1）SELECT 数据保持/LED 背光按键。

点击该按键选择量程（仅适用于复合量程）。在交流模式下按此键大于 2 s，显示"UPC"可进入 V.F.C 测量模式，能稳定测量变频电压。再长按此键大于 2 s，显示"End"即可退出 V.F.C 测量模式。

（2）HOLD 切换选择/变频测量按键。

点击此按键，显示值被锁定保持，LCD 显示"H"提示符，再点击一次，锁定被解除，进入通常测量模式。如常按此键大于 2 s，则背光被打开，约开启 15 s 后会被自动关闭，如背光开启后再按此键大于 2 s，则背光被关闭。

4）功能量程旋钮开关

量程旋钮功能如表 5.6.3 所示。

表 5.6.3　量程选择旋钮功能表

量程旋钮位置	量程功能说明
V.F.C V≅ Hz%	变频测量、交流/直流电压测量（V）、频率测量、占空比测量
mV≅ Hz%	交流/直流电压测量（mV）、频率测量、占空比测量
▸⊢ ⊣⊢ ·))Ω	二极管测量、电容测量、电路通断测量、电阻测量
℃℉	温度测量
Hz%	频率测量、占空比测量
μA≅ Hz%	交流/直流电流测量（μA）、频率测量、占空比测量
mA≅ Hz%	交流/直流电流测量（mA）、频率测量、占空比测量
A≅ Hz%	交流/直流电流测量（A）、频率测量、占空比测量
NCV	非接触交流电压感测量

5）测量输入端

被测电量的输入如图 5.6.2 所示。

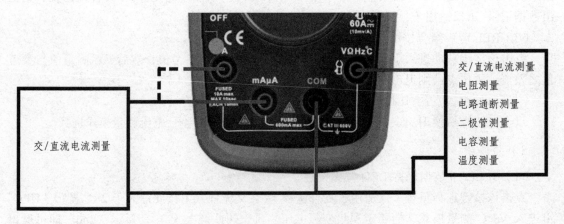

图 5.6.2　万用表被测电量输入端图

参考文献

[1]　王英. 电工技术实验教程（电工学 I）[M]. 成都：西南交通大学出版社，2014.

[2]　王英. 电路分析实验教程[M]. 成都：西南交通大学出版社，2015.

[3]　王英. 电工技术基础（电工学 I）[M]. 2 版. 北京：机械工业出版社，2015.

[3]　沈小丰. 电子线路实验：电路基础实验[M]. 北京：清华大学出版社，2007.

[4]　吕念玲. 电工电子基础工程实践[M]. 北京：机械工业出版社，2008.

[5]　陈同占. 电路基础实验[M]. 北京：清华大学出版社，2003.

[6]　路勇. 电子电路实验及仿真[M]. 北京：北京交通大学出版社，2004.

[7]　吴道悌. 电工学实验[M]. 北京：高等教育出版社，2000.

[8]　王久和. 电工电子实验教程[M]. 北京：电子工业出版社，2012.